JN063457

森林・林業の コロンブスの卵

－造林学研究室のティータイム－

上原 巌 著

理工図書

毎年、桜の花の咲く頃の
挿し木実習の風景

3年生の挿し木苗

4年生の卒論研究の挿し木苗
農大造林研は、挿し木の老舗である

植生調査のコドラート設定の
方法から学ぶ奥多摩演習林）

ようこそ、造林学研究室へ！

スギ、ヒノキ林床に張られたコドラート
2m×2mの方形区内の植生を調べていく

ヒノキ間伐区

広葉樹植栽区

富士試験林での植生調査の調査の様子

歩く・考える・育てるの３つが研究室のモットーである

奥多摩演習林内を歩く

ヒノキの枝打ち作業
（埼玉県飯能市　2019年）

手鋸での伐倒作業（奥多摩演習林　2019年）

チェーンソーでの伐倒作業
（奥多摩演習林　2019年）

私有林での間伐作業（埼玉県飯能市の農大OBの山林にて　2019年）　※いずれも筆者

検索に習熟すると、遠目でもある程度の樹種の判別ができるようになる

樹木検索＆同定の実習風景

農大の最大行事「収穫祭」での文化学術展での研究室展示。担当するのは毎年3年生。半世紀以上にわたって毎年行っている行事でもある

21世紀は、森林と人間が共に再生する時代になるだろう

実習を終えての記念写真。

卒論発表会を終えて

お揃いの記念Tシャツを着ての記念写真。
Tシャツの前後には、各自の卒論研究を象徴する数式が書かれている。

卒業写真もやはり樹木の下で

森林で学んだことを礎に、各学年の個性が伸びていくことを願っている。

研究室の納会で振る舞う私の手作りフルーツゼリー。リンゴ、イチゴ、ブドウ、モモなど、幾種類かのフレーバーがある

はじめに

　森の仕事、木の仕事は、古くからの人間のいとなみの一つである。しかしながら、その森林、樹木にまつわる仕事、林業は、21世紀初頭の現代の日本においては、不況であるといわれる。伐っても売れない、採算が合わない、林業は儲からないと言われるようになってから久しい。山村における高齢化、過疎化など問題もあいまって、とかく林業といえば、暗く、先行きの見えない話となることが多い。けれども、実際に森林、山林に出かけ、様々な視点からのアプローチに取り組んでいると、「こうやってみてはどうだろう？」という、コロンブスの卵的な発見に出会うことが時にある。そんなことから、本書のタイトルを、コロンブスの卵としてみた。

　本書は、それぞれが独立したテーマの章立てとなっているが、一貫した全体のテーマは「身近な森林のポテンシャルと可能性」である。

　森林、樹木を畏敬し、その生命体を私たちの生活に活用する。かつてアイヌ民族が森の恵みを損なうことなく生活にとりいれ、持続し続けたように、我々の身の丈に合った生産と収益がこれからも森のいとなみの肝要だと思っている。別の言い方をすれば、小規模であっても、持続性があり、可能性のある林業のあり方だ。それには柔軟な発想と多様な視点、手法による挑戦が必要である。

　そもそも森林は、木材生産以外でも地域の宝であり、地域環境の要なのである。例えば、ドイツでは、木材生産と保健休養が共存する林業が展開されている。森林は生産の場であると同時に、休養の場にもなりうる。今はマイナーな事だけれど、こんなふうにしたら日本の森林、林業はもっと豊かにできるのでは？　そんなことを常に考えながら、本書を書き進めた。

2019年6月

東京農業大学　造林学研究室にて著者

目　　　次

第1章

挿し木の新たな可能性
―コロンブスの卵のような研究―

1.1 挿し木について

　挿し木は、日本では、昔から行われてきている伝統的な技芸である。記録に残っている文献でも「憲教類典抄」1611年（慶長16年）、「花壇綱目」1681年（天和1年）、「家譜」1694年（元禄7年）、「農業全書」1696年（元禄9年）など、17世紀初めのものが何冊もある。江戸時代に書かれた文献が多いが、これだけ文献の数が多いことからも、それ以前の時代からすでに各地で挿し木の技術は伝承されてきていたことが想像される。手先の器用な日本人にとっては、挿し木はまさにお家芸の手法であったのだろう。

　欧米においても、挿し木技術はもちろん開発されてきている。昆虫記で有名なアンリ・ファーブル（1823 – 1915）も、「植物記」（原題は「薪の話」 1867年）の中で、挿し木について記述をしており、フランスやヨーロッパにおいても、民間でやはり挿し木の方法は受け継がれていたことがうかがえる。「植物記」では、昆虫をながめるのと同様、ファーブルらしい視点で植物を愛でた文章が書かれている。例えば、『植物でも人間と同じで、意志の弱い性格のほうが、そうでない者より運命の逆転にうまくしたがうものである』といった記述がある（日高敏隆・林瑞枝 訳　ファーブル植物記　平凡社　1984年）。この植物の擬人化からは、ファーブルの人柄もうかがえよう。

　さて、挿し木の特徴は、親木の枝葉を切り取り、床土に挿しつけて発根をさせ、新たな個体を作るという簡便な繁殖法である。親の形質をそのまま受け継ぐクローン生産であり、種子の豊凶などに左右されず、また種子からの発芽を待たずとも新たな個体を促成で得ることができる方法だ。特別で貴重な親木の種の保存に便利であることなどが挿し木の大きな利点である。

　日本人にとって、お家芸であった挿し木は、今日まで様々な樹種が試されてきている。代表的な造林樹種のスギ、ヒノキをはじめ、針葉樹、広葉樹ともに様々な樹種の挿し木養成方法が明らかになっている。盆栽で代表的なサツキ、ツツジなどの数多くの品種も、挿し木の技術によって伝承されてきたのである。21世紀の現代において、もはや挿し木の分野では研究することなどなくなってしまったかのように思われがちだが、決してそんなことはない。今日であっても、挿し木研究はいまだに続けられているのである。

　例えば、挿し木を行うことが困難な樹種がある。これまで様々な樹種の挿し木養成法が明らかになると同時に、挿し木を行うことが困難な樹種、挿しつけても発根がしにくい樹種なども明らかになってきた。この点において、挿し木は、どの樹種にも使えるオールマイティ

の手法ではないのである。例えば、針葉樹のマツや、広葉樹のブナ科の樹木などは、スギやヒノキ、ヤナギ類などのようには容易に発根をしない。海岸林のクロマツをはじめ、マツ科の樹木の挿し木研究も行われているものの、いまだにその発根率と活着率（その土地に根づき、生存する確率）は低く、不安定である。また、ブナ科の樹木と言えば、コナラ、ミズナラ、クヌギ、クリをはじめ、シイ類、カシ類など多くの有用広葉樹を含み、代表的な薪炭材として、現在では家具材、器具材、またキノコ原木としても用いられる重要な樹種が多い。けれども、そのブナ科の樹木の発根率、活着率を飛躍的に促進する挿し木技術は現在でも編み出されていない。これは、森林、林業界における大きな未解決問題の一つであるとも言える。

（左：ムラサキシキブ　　右：ヒノキ）

写真 1.1　挿し木のいろいろ

1.2　造林学研究室における挿し木研究

　現在、私自身もまた、様々な挿し木の手法の開発に取り組んでいる。そもそも私が所属している東京農業大学の造林学研究室は、この挿し木研究の一大根拠地であった。私が農大に入学、同時に造林研に入室したのは、1983 年（昭和 58 年）の 4 月。森林種苗学をご専門とされる右田一雄教授（1925 − 2004）のご指導のもと、一年次より挿し木の薫陶を受けた。今ではスギと言えば、花粉症を即座に連想し、その存在は都市部ではすっかり忌み嫌われる対象となってしまったが、私が学生時代の 1980 年代前半は、花粉症の名称はまだまだマイナーであり、研究室では様々なスギ、ヒノキ品種の挿し木苗養成に取り組み、苗圃も校舎のベランダも挿し木苗でいっぱいであった。親木の品種だけでなく、樹齢、採穂部位など、様々な条件から、伸長生長、雄花や雌花の花芽分化など、挿し木苗の生長特性の研究が取り組まれていた。

　また、毎年秋に行われる農大恒例の最大行事「収穫祭」の学術発表では、私たちの学年では全国各地のスギ、ヒノキ、マツの品種を集め、会場で展示した。各地に実に様々な形態の

写真 1.2　挿し木苗が所狭しと並ぶ、かつて
の造林学研究室の苗畑（1985 年撮影）

（農大収穫祭での造林学研究室の展示　1985 年）
写真 1.3　全国各地から集めたスギ、ヒノキ、
マツの品種とその苗木の実物展示

品種が点在しており、その品種づくりと保存にも挿し木が使われていたことをその時、あらためて知ったのだった。長野県出身の私は、長野県の品種を集めてくることが夏休みの課題の一つであった。地元の長野営林局をたずねると、早速、局の苗圃から、クマスギ、キリウエマツの 2 樹種の苗木をいただくことができた。「お代は？」ときくと、「勉強のためですから、無料で結構です」と職員の方があたたかく即答してくださったことは、今思い出しても心温まる情景だ。

1.3　こんなことはどうだろうか？－様々な挿し木手法のこころみ－

話をふたたび現在に戻そう。

今日でも、いまなお挿し木の困難な樹種があり、現在でもその研究が継続されている。例えば、発根の難しい樹種であっても、挿しつけ後の水分管理や温度管理、また発根促進ホルモンの施用によって、発根率を少しずつ向上できることが報告され、考えられてきている。様々な手法の創案とともに、設備の開発、投資も行われている。水分管理では自動散水装置、温度管理では人工気象装置の付いた温室などがすでに開発され、それらは、公的研究所などを中心に整備されてきた。

しかしながら、私の研究室では大規模な施設、設備、装置は持ちあわせてはいない。いわばクラシックな育苗環境のもとでの調査研究をいまなお行っているのである。大々的な設備投資による研究はできないが「コロンブスの卵」的なアイディアから課題にアプローチをしていく。「こんな方法はどうだろう？」「こんなことも試してみようか」というスタイルだ。このスタイルは、挿し木研究だけでなく、私のほかの調査研究でも同様である。

こころみ　その 1　芳香水を施用した挿し木苗の養成

それでは、ここから挿し木苗養成にまつわる、私のこころみの事例をいくつか紹介したい。私の挿し木研究で思い浮かんだ最初のアイディアは、林地残材である。図 1.1 は、スギやヒ

ノキの伐倒した立木の利用割合のグラフである。建築材などの用材に利用されるのは25%、木質チップとして利用されるのが15%であり、約半分は樹冠（樹木の上部を形成する枝葉の部分。英語では crown、ドイツ語では Krone と呼ばれる）の枝葉が占め、これらの枝葉はすべて林地の残材となるのである。長い目で見れば、林床に落ちた枝葉は有機物から無機物になり、再び樹木に吸収されていく養分の循環に取り込まれていく。しかし、その分解には時間がかかる。養分吸収サイクル以外でも何かに利用できることがあるのでは？と誰しもが考えるところであろう。

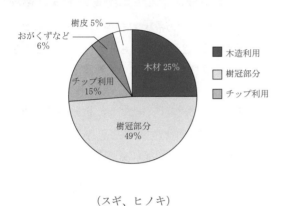

（スギ、ヒノキ）

図 1.1　伐倒した立木の利用割合

写真 1.4　林地の残材となる枝葉

　そこで、私はこの枝葉からアロマウォーター（芳香水）を作る研究にも取り組んでいる。芳香水を作る方法は簡単だ。枝葉を切り刻み、一定量をビーカーに入れる。ビーカーには少々の蒸留水も入れ、アルミホイルでふたをする。そのビーカーをトレイに乗せ、トレイには水を満たし、ガスコンロの上で煮出す。20～30分もすれば、ヒノキの芳香のアロマウォーターを作ることができる。この芳香水作りを農大の社会人講座などでも毎年行っているが、様々な樹木の香りを取り出すことは、都市部であっても、山間部地域の講座であっても、意外なほど受講生に喜ばれる。自然の香りは、それが例えありふれたものであっても、実に大きな力を持っていることがうかがえる。

　しかし、私はこの芳香水を挿し木苗に施用してみることを、ある時にふと思いついた。樹木の精油などの成分が溶け込んだ芳香水には、抗菌作用を持つものがあることが以前より知られている。それでは、挿し木の発根率、または活着率に芳香水はどのような効果をもたら

写真 1.5　林地残材のヒノキの枝葉から、芳香水を作る流れ

すだろうか？もしかしたら、挿し床の菌をある程度抑制する、あるいは単純に芳香水の成分が挿し木苗の生長を促進するかも知れない。

　そこで、早速、実験を行ってみた。供試材料（実験に用いる材料）には、農大構内から採捕（枝を切り採ること）したポプラ、イチョウの挿し木苗を使い、挿しつけ床には、通常の挿し木の養成に使われる鹿沼土を使った（写真1.6）。鹿沼土は、普通の園芸土よりも腐朽菌が少なく、また粒状であるため、保水性も通水性も良く、栃木県の鹿沼地方で主に産出されることからその名がついている。この鹿沼土を使って、イチョウの挿し木苗には、イチョウ、クスノキ、サワラの三つの樹木の枝葉から採った芳香水を、ポプラの挿し木苗には、ポプラ、クスノキ、サワラの枝葉から作った芳香水を定期的に与え、通常の水

写真 1.6　挿し木の床土（養成する土）に使う鹿沼土

各挿し木の長さは、20 cm、挿しつけの深さは5 cm前後である。

写真 1.7　鹿沼土に挿しつけた各挿し木

表 1.1　各挿し木の活着率

挿し穂の樹種	対照区水道水のみ	同樹種の芳香水の施用	クスノキの芳香水の施用	サワラの芳香水の施用
イチョウ	100%	100%	100%	95%
ポプラ	100%	100%	90%	90%

道水を施した対象区との生長比較も行ってみた。供試木は各20本ずつである。

　表1.1は、その各挿し木の活着率を示したものである。この活着とは、挿し木の切り口から発根が見られ、しっかりと床土に苗が根付き、生育することを示す言葉だ。その活着率は最低でも90％の値を示し、まずまずの成績であった。

　それでは、まずイチョウの挿し木の結果から報告してみよう。挿し木のカルス形成率の違いを図1.2に示す。カルスとは癒合組織のことであり、挿し木の切り口に発達して形成されるコブ状の組織のことだ。人間でいえば、さしずめ傷口に

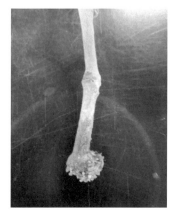

写真 1.8　挿し木の切り口に形成されたカルス

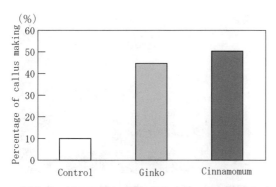

図1.2　イチョウの挿し木のカルス形成率（%）

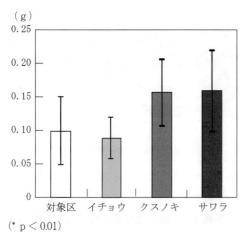

(* p＜0.01)

図1.3　イチョウの挿し木の発根量（g）

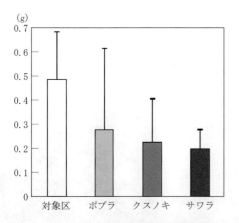

図1.4　ポプラの挿し木の発根量（g）

できるかさぶたのようなものである。

　このカルスが、通常の水道水を与えた挿し木では10%程度の形成率であったが、イチョウの芳香水を施用した挿し木では45%、クスノキの芳香水を施用した挿し木では50%と高い形成率がみられた。また、サワラの芳香水を与えた挿し木にはカルスは形成されなかった。これらの結果から、芳香水が癒合組織の形成に何らかの働きかけを及ぼしている可能性が考えられる。

　次に、イチョウの挿し木の発根量（根の重量）の違いを図1.3に示す。

　イチョウに、イチョウの芳香水を与えた挿し木の発根量は対照区よりもやや少なかったが、クスノキ、サワラの芳香水を与えた挿し木からは対照区と比べて有意に多い発根量が認められた（ p＜0.01）。これらのことから単純に早合点することは厳禁であるが、芳香水は、その樹種と、組み合わせの相性によって、発根を抑制したり、あるいは促進したりする可能性があることがひとまずうかがえる。

　次に、ポプラの挿し木の結果である。ポプラの挿し木の発根量（根の重量）の違いを図1.4に示す。

　こちらは、イチョウの挿し木とは正反対の結果となった。芳香水を与えた挿し木の発根量は、水道水を与えたものよりも少なかった。つまり発根を抑制される結果がここでは示されたのである。

　以上の簡易実験の結果から、樹種別に、また芳香水との組み合わせの相性も含めて、樹木の枝葉から作る芳香水には、生長促進、または生長抑制の二つの作用があるようにうかがえた。植物ホルモンのオーキシンなどでは、ある濃度までは生長を促進するものの、ある濃度を超えると逆に抑制に働くことが知られている。そうした濃度の境界値が、この芳香水に含まれる物質にもあるのかも知れない。いずれ

にしても、芳香水は挿し木の生長を左右する可能性を持っていることは示唆されたと言えようか。

写真 1.9　暗い林床でよく見られるアオキ

私はこのほかにもこれまで様々な樹種の芳香水を使って、挿し木に施用し、その生長特性を実験している。実験をしていると、時に意外な樹木から生長促進の効果が見つかることがある。例えば、常緑広葉樹のアオキ（アオキ科）である。アオキは、間伐などの森林保育作業の行き届かなくなった、暗いスギ、ヒノキ人工林の林床などによく見られる樹木である。強い陰樹であり、葉肉が厚く、大きな葉は、林床に挿しこむ日光が乏しい場所でも、その厚い葉肉内で取り入れた光を何度も反射させ、光合成を有効に行うことができるようになっている。また、その葉には、皮膚の炎症を和らげる物質も含まれており、やけどの際の民間治療にも用いられてきた。静岡では、アオキの葉からお茶も作られており、常緑樹であることから、生け花の材料にも年間を通して使われている。冬期間は、ほかに目ぼしい緑の葉がないことから、野生のシカの食糧源の一つにもなる。そのアオキの葉から作った芳香水には、スギの挿し木の生長を促進する働きが認められた。これは、実に意外なことであった。意外な樹種に、意外な効果があることを見つけること、それはこうした研究の醍醐味であると言える。余談であるが、我々の社会の人材面でも、同様のことが言える。思わぬ人材が時に思わぬ効力を発揮することがある。

こころみ　その 2　床土に木炭を施用した挿し木苗の養成

では次に、挿し木を行う土に着目してみよう。

挿し木と言えば、挿し木を挿しつけるその床土として、一般に鹿沼土が用いられている（写

鹿沼土で育成中の挿し木苗

市販されている鹿沼土

写真 1.10

左からカラマツ炭、ナラ炭、オガ炭

写真1.11　実験に用いた木炭

真1.10）。鹿沼土は、栃木県鹿沼地方の特産であることは前述した。

　値段もさほど高価なものではなく、ホームセンターなどで気軽に買うことができる。

　しかし、その鹿沼土を使わずとも、身近な空き地の土などのごく普通の土を使っても、挿し木を養成できる方法はないのだろうか？例えば、木炭を混合することによって、土壌の改良とともに挿し木の苗床としての環境も作っていくことなどは可能だろうか？

　こうして挿し木研究のこころみの2番目として、私は次に木炭の利用をためしてみた。

　供試材料は、前回同様にポプラを使い、カラマツ、ナラ、オガ粉（ナラ材のオガ粉を固めたもの）の3種類の木炭を使った。それぞれの木炭を50gずつ、深さ20×縦20×横60cmの大きさのプランターに入れた普通土（これは農大構内の空き地の土であるが）、その普通土に混合し、ポプラを挿し付けた。カラマツ、ナラの各炭は、それぞれ枝から炭にしたものであり、上伊那森林組合でつくられたものである。オガ炭は市販のものを使用した。また、対照として、鹿沼土にも同様に木炭を混合し、比較を行ってみた。挿し付けは5月上旬に行い、潅水は1日おきに2リットルずつ行った。10月下旬に掘り取り、各床土の挿し木苗の成長を観察し、比較を行った。供試木は各20本ずつである。

　まず挿し木の活着率を図1.5に示す。鹿沼土の挿し床では、カラマツ炭を施用した区では90％、ナラ炭施用区85％、オガ炭施用区85％、対照区（木炭なし鹿沼土のみ）65％の結果となり、いずれも木炭を混合した床土での成績が良好となった。

　一方、普通土の挿し床はどうだろうか。カラマツ炭区70％、ナラ炭区10％、オガ炭区5％、対象区30％との結果である。カラマツ炭を混合した床土では対象区での2倍以上の活着率向上の結果となり、活着率も7割と高かった。けれども、ナラ炭、オガ炭を混合した床土で

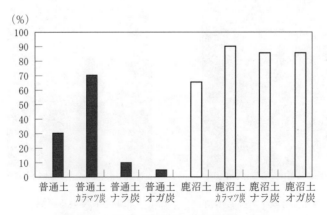

図1.5　ポプラ挿し木の活着率（％）

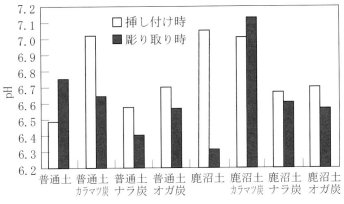

図 1.6　土壌 pH の変化

はむしろ活着率は低下する結果となった。

　次に土壌 pH の変化を図 1.6 に示す。土壌の酸性度、アルカリ度を示す pH は、植物の生育、生存にも影響を及ぼす重要な指標である。その pH の変化は、5 月の挿し付け時と比べ、10 月の掘り取り時では、普通土では、対照区で 0.1、カラマツ炭施用区では 0.3 ほど上昇し、逆にナラ炭、オガ炭区では 0.1 下がり、鹿沼土では、対象区で 0.8 も下がったのをはじめ、カラマツ炭区で 0.4、ナラ炭、オガ炭区で 0.1 〜 0.2 ほどそれぞれ下がり、酸性化に傾く傾向がみられた。

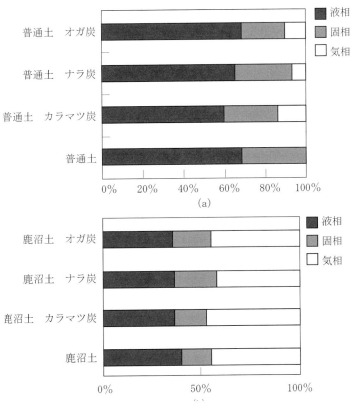

図 1.7　掘り取り時の各床土の土壌三相

次に、土壌三相の状態を図1.7に示す。土壌には、空気の割合を示す気相、土壌粒子や石などの固相、水の液相の三つの相がある。その土壌三相の掘り取り時の状態であるが、普通土では、対照区にはほとんど気相ができなかった。しかし、カラマツ炭区では15％、ナラ炭区で7％、オガ炭区で10％程度の気相がみられた。いずれも液相は60〜70％ほどを占める結果となった。この液相に比率が高いということは排水状態が悪いことを示し、挿し木の一般的な成育条件としては、不適な条件であったことをうかがわせる値である。一方、鹿沼土では、対照区と比べ、カラマツ区、オガ炭区では気相が若干高まる結果となり、いずれも液相が対照区よりも少なった。こちらは、若干ではあるものの、木炭混合の効果がうかがえたともいえる。

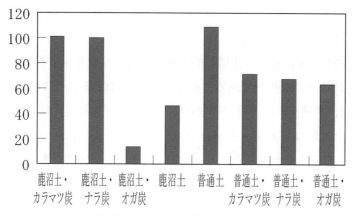

図1.8. 掘り取り時の土壌菌コロニー数（個）の比較

次に、掘り取り時の土壌菌コロニー数を図1.8に示す。この土壌菌コロニーは、その名の通り、土中に含まれる菌集団の数を示したものである。普通土では、対照区よりも、カラマツ、ナラ、オガ炭の木炭施用区での方が、菌コロニー数が少ない結果となった。逆に鹿沼土では、対照区と比べて、カラマツ、ナラ炭区では菌コロニー数が約2倍となり、オガ炭では逆に少ない結果となった。これらの結果から、もともと有機物が少なく、腐朽菌の少ない鹿沼土の場合には、木炭を施用することで菌を増やし、逆に、有機物が多く、腐朽菌の多い普

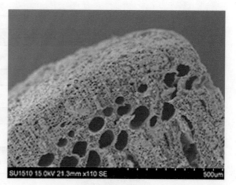

カラマツ炭　　　　　　　　　　　ナラ炭

写真1.12　放射断面（木口面）の電子顕微鏡写真

通土の場合は、菌を減らす傾向がうかがえたといえる。

　ちなみに、電子顕微鏡を使い、断面の観察も行ってみた。電子顕微鏡の操作と撮影は、東京農業大学の電子顕微鏡室の大学院生に依頼した。カラマツ炭、ナラ炭のそれぞれ木口面の110倍の写真を示す。ナラ炭には道管などの大きな空隙がみられるものの空隙が少なく、密度の高いところがある。それに対して、カラマツ炭では、全体的に空隙が多い構造になっていることがわか

カラマツ、ナラ炭のような空隙がみられない

写真 1.13　オガ炭の電子顕微鏡写真（75倍）

る。もともと気乾比重もカラマツは0.53、ミズナラは0.67なので、カラマツの方がより隙間の多い組織構造になっていることがそのまま木炭の構造にもあらわれているといえる。また、オガ炭の断面の拡大を写真1.13に示す。カラマツ、ナラの木炭には空隙があるが、オガ炭はオガ粉を人工的に固めたものであるため、隙間がほとんどみられない。この基本的な構造の違いもまた土壌、水分、菌類に影響を及ぼしたものと考えられる。

　以上の結果をまとめると、活着率では、カラマツ炭の施用効果が認められ、土壌三相では、鹿沼土では5％前後、普通土では10％前後、気相を増加させる効果がうかがえ、菌のコロニー数では、鹿沼土では増加、普通土では減少傾向がうかがえるという結果が得られた。しかしながら、木炭の量や大きさ、設置方法などによっても、結果はさらに異なることが予想される。

　本研究の命題は、鹿沼土を使わずとも、普通の土でも挿し木苗を作ることはできるのか？ということであった。それには土中の空気の割合を高め、雑菌を減少させることである。今回の実験からは、それらがカラマツ炭を使うことによってある程度はできることが認められたといえようか。

こころみ　その3　挿し床に木質チップを活用した挿し木苗の養成

　私の職場の東京農業大学は東京・世田谷にあるが、私自身は信州生まれであり、実家は長野市にある。農大同窓会には長野県支部があり、その仕事もしているので、長野県つながりの委託業務もある。故郷信州で行う仕事は本当に心地よく、信州の森林の地に入っただけで元気が出る気がする。

　そんなある日、私は長野県北部の飯山市の花卉栽培の農家を訪ねることになった。

冬季の飯山の風景

水墨画のような雪景色である

写真 1.14

　私は農大を卒業してすぐに長野県の農業高校の教員になったのだが、その最初の赴任校の教員住宅は飯山市にあり、その教員住宅の管理校は、私の祖母の母校であった。そのような様々な縁があり、私にとって、飯山は今でも懐かしいところである。

　飯山で訪ねたのは、温室施設を使ったスズラン栽培をしている農家であった。ユニークなことに、その農家では、スズラン栽培に園芸土を使わず、針葉樹の間伐材から作られた木質チップを栽培床に使っているのだった（写真1.15）。木質チップは丸太を切削、粉砕して作った生のチップであり、良い芳香がある。この芳香が、いわゆるフィトンチッドである。フィトンチッドは、ロシア語による合成語であり、フィトンは植物、チッドは殺す（kill）を意味し、芳香成分の持つ抗菌作用を表す言葉である。フィトンチッドの主な正体は、植物、樹木に含まれる、テルペン類などの精油成分であり、現在までに数多くのテルペン類が発見されているのだが、その農家はその木質チップの抗菌作用を巧みに、しかも安価に利用して、花卉類の栽培を行っていたのだ。まさに目からうろこが落ちる思いであった。

　一方、林地残材の有効活用では、バイオマス利用をはじめ、様々な方法、手法が現在検討

写真1.15　木質チップを栽培床に用い、スズランの栽培をしている農家（長野県飯山市）

されている。例えば、農大の演習林内であっても、毎年の実習で伐採された立木丸太がそのまま現場に放置されている（写真1.16）。

　そこで、そうした残置丸太から木質チップを作り、それを先の農家がスズランを栽培して

演習林実習での間伐実習後、伐採された立木の丸太が放置されている

写真1.16

　　スギ　　　　　　　　　ヒノキ　　　　　　　　カラマツ）

写真 1.17　私が試作した木質チップ

いたように挿し床として使い、挿し木苗を作ってみてはどうだろうか？飯山の園芸農家のこころみをヒントに、次は挿し床そのものの実験を行ってみた。

　まず木質チップの作成である。原材料は、前年の夏の実習で伐倒したスギ、ヒノキ、カラマツの丸太を使った。それぞれの丸太にチェーンソーの歯を入れ、繊維方向に何度も走らせて、チップを山盛りに作った（写真 1.17）。

　木質チップは縦 60cm ×横 22cm ×深さ 16cm のプランターに入れ、一つのプランターに 10 本ずつポプラを挿しつけた。また、比較する対照区として、鹿沼土を挿し床にしたプランターも設け、双方の生長の比較を行った。

　次に実験の結果を示す。

　まず、木質チップの挿し床の水分の平均吸収率および平均含水率を図 1.9、図 1.10 に示す。木質チップの挿し床は、いずれの数値も高かった。この水分量が高かったことも災いして、いずれの挿し床においても挿し木の活着率は著しく低く、スギチップで活着率 0 ％、ヒノキチップ 10％、カラマツチップで 30％という低い結果となった（図 1.11）。

　しかしながら、発根の平均根重では、個体間のばらつきは大きかったものの、カラマツチップの挿し床で養成した挿し木の根重（根量）が最も大きいという結果が得られた（図 1.12）。

　今回のこの簡易実験では、木質チップを利用した挿し床では高い活着率は得られなかった。その原因としては、挿し木がチップの床では、苗のぐらつきが大きく、不安定であったこ

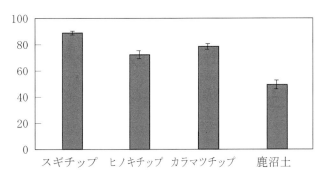

図 1.9　各挿し床の平均吸水率（倍）

写真 1.18　各樹種の木質チップにポプラを挿しつけた

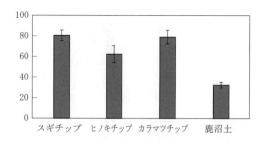

図 1.10　各挿し床の平均含水率（%）

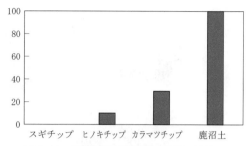

図 1.11　挿し床の活着率の比較（%）

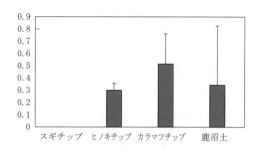

図 1.12　挿し床による苗木の平均根重（g）の比較

写真 1.19　マルチング材としても使われている
　　　　　木質チップ

と、つまり切り口とチップの不接地という単純な要因がまず一つと、次にチップ床の水分過多による生理的吸水困難という二つが考えられた。さらに、これらの結果からは、学会でも報告をしたのだが、チェーンソーを使った際、そのチェーンオイル（摩擦を防ぐためのオイル）がチップに付着したことも活着率の低下に影響を及ぼしたのでは？との指摘も受けた。その通りである。各チップには、大なり小なり、チェーンソーからのオイルが付着したはずである。このオイルの付着が無ければ、結果は多少変化したことも考えられる。

総合的に考えて、今回のこころみの結果からは、

①　木質チップの細粒化を行って挿し木の切り口と木質チップとの接地面を拡大し、苗木の安定化をはかる

②　過湿とならない適当な水分管理

の主に 2 点によって、活着率の向上はさらに期待できるものと考えられた。

　また、挿しつけからではなく、すでに発根が得られている実生苗育成の栽培床としての利用の可能性や、広葉樹など、別の樹種のチップでの挿し床を試みることにももちろん検討の余地がある。木質チップには、まだまだ可能性がある。ちなみに、雑草の繁茂を抑制するマルチング材としても、すでに木質チップは実際に使われている（写真 1.19）。

　また、研究室の学生がこころみに、複数種の樹木のチップから鶏肉の燻製を作り、その香りや味の比較をしてみたところ、どの燻製にも香りや味に違いがあったことをゼミで報告した（写真 1.20）。このことから、チップは食材の味にも彩を添えることがうかがえる。樹林のチップには、実に多様な可能性があるのだ。

ブナ、、クサギ、コブシ、サクラ、ヒマラヤ、スギなどのチップから研究室の3年生が作った燻製。それぞれ香りも味も異なる。

写真 1.20

写真 1.21　林床でみられるクロモジ

写真 1.22　プランター苗で養成中のクロモジも挿し木

こころみ　その4　挿し木の難しい樹種へのチャレンジ

　21世紀の今日になっても、挿し木の技術はまだまだ完璧ではなく、挿し木が困難な樹種があるという、大きな宿題が依然としてあることは冒頭で述べた。

　私は、全国各地を行脚することが多く、その際に、こんな樹木を栽培できないだろうかという依頼を受けることがある。依頼を受けるくらいであるから、それらは、薬用、実用、装飾用なども含め、有用な樹木である。そんなある日、林床に生えるクロモジの栽培ができないかという依頼を信州・伊那谷で受けることとなった（写真 1.21）。

　クロモジ（*Lindera umbellata* Thunb.：クスノキ科）は、クスノキ科の落葉低木であり、枝葉に甘い芳香がある。その甘い芳香から、古くより和菓子の爪楊枝などに使われてきたが、近年では薬用酒や入浴剤などに用いられる薬用樹木としての需要も高まってきている。そこで、そのクロモジおよびオオバクロモジ（*Lindera umbellata* Thunb. var. *membranacea* (Maxim.) Momiyama）の挿し木にもチャレンジすることになった。クロモジは、挿し木は困難な樹種であるけれど、種まきから育てる実生苗の養成は比較的容易にできる樹種でもある。

　まず供試材料のクロモジ、オオバクロモジともに、標高

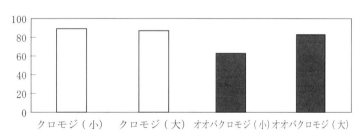

図 1.13　開葉率の比較（%）

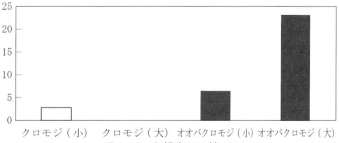

図 1.14　発根率の比較（%）

約1000 m前後の山林の林床より、双方とも冬芽が開葉前の枝条を採取してきた。次に、それぞれ10cm、20cmの2種類の長さの挿し木を作り、鹿沼土に挿し付けた。挿し付けは、一つのプランターに15本ずつ行い、1樹種につき計90本を養成した（写真1.22）。挿し付けから4か月経過後の8月中旬に全苗を掘り取り、その生長状況を測定した。

　まず開葉率を図1.13に示す。クロモジでは80％以上、オオバクロモジでは70％前後の開葉率がみられた。

　クロモジだけではないが、発根よりも前に、あるいは発根をせずとも、冬芽から新たな葉を開かせることはよく見られる現象である。サクラなども、冬季に枝を切り、切り花として室内に入れておくと、冬芽から開花がみられ、生け花などでも使われることがある。

　次に肝心の発根率を図1.14に示す。クロモジではわずか3％、オオバクロモジでは、7〜23％という低い発根率に終わった。この発根率の低さからも、クロモジの挿し木の難しさが再認識できるところだ。しかし、ここで着目すべきことは、クロモジとオオバクロモジはほとんど同じ仲間でありながら、発根率に違いが見られたことである。発根の根量にも差があり、オオバクロモジの方がより多い発根量が得られた。

　また、低い発根率についても、完全なゼロではない。根を出す個体もあるのである。この発根できる個体を増やす方法を考え、試行していくのが、他の樹種同様に今後も私の挿し木

（左：クロモジ　右：オオバクロモジ）　　　　　　　　カルスの間から発根が見られる

写真1.23　発根量の違い　　　　　　　　　**写真1.24　オオバクロモジ
　　　　　　　　　　　　　　　　　　　　　　　のカルス**

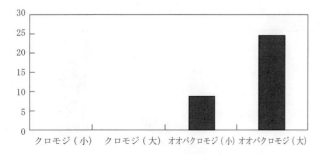

図1.15　カルス形成率（％）

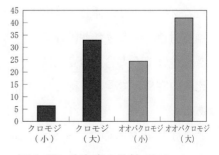

図1.16　生存率の比較（％）

研究の課題である。

　カルスの形成率を図 1.15 に示す。クロモジではカルスが全く形成されなかったが、オオバクロモジでは 8 〜 24％のカルス形成率がみられた。カルスの間からの発根も多く見られ、カルス形成率が発根率と関係していることもうかがえる（写真 1.24）。

　次に生存率を図 1.15 に示す。クロモジでは 7 〜 33％、オオバクロモジでは 24 〜 42％という結果であった。発根をせずとも、切り口からの吸水によって 1 年の間生き長らえる個体も中には見られる。これは水の通導が滞りなく行われてきたからである。土中から空中への水分蒸散まで、樹体の中を貫く水柱が理論上にあり、その水柱のことを SPAC（Soil-Plant-Atmosphere-Continuum）理論と呼ぶ。この SPAC が正常に機能すると、たとえ発根はしなくても、樹体は保たれるのである。また、同時に、この SPAC が機能しているうちに、何とか発根を促す方法を探したいものである。

　発根、また根の伸長には、水分が最も大きな要素であることはもちろんである。しかし、肝要なことはそのさじ加減、コントロールである。例えば、同じ農学分野の稲作では、常に水を張りっぱなしにするのではなく、一時的に水を払ってしまう「乾田」の時期も持つ。この水が無くなってしまった状態の時節に、稲の根は水を求めて土中で一気に伸びるのである。そして、その際の土中の環境は、水がなくなったことによって、空気、酸素の気相が一気に増加することも特徴である。

　これらのことから、クロモジをはじめ、発根困難な樹種においては、乾燥のインターバルを故意に持たせ、土中の気相を高めてみることも、その発根率を高める上で考えられる。

1.4　まとめと今後の展望

　挿し木は、植物、樹木の生命力を活用した繁殖方法である。孫悟空が頭の毛を少しばかり

（左：ポプラ　中：ヒノキ　右：イチョウ）

写真 1.25　様々な樹種の挿し木

ムクゲの挿し木を使った作業療法（左）と患者さんの植えた挿し木（右）（九州の病院）

写真 1.26

むしって、フッと息をかけると、無数の小さな孫悟空があらわれるように、挿し木も一本の樹木から数多くのクローン樹木を生み出すことができる。地域に伝わる老木、古木の枝葉からも、長さ20cmほどの挿し木を採り、挿しつけると、やがて切り口からは根が生まれ、一つの個体、樹木となっていく。数百年の生命からまた新たな生命が派生する。それはいわば生命の株分けのようでもある。

　そして、挿し木をするということ、その行為自体にも可能性がある。園芸療法、森林療法などの自然療法があるが、挿し木苗を作ることは、手指のリハビリテーションをはじめ、病院や施設で暮らしている方々のひとときの息抜きにもなる。生命の派生に自らが加わることによって、新たな活力、推進力も得るのである。

　今後もその樹木の持つ生命力をさらに広げることができるよう、コロンブスの卵的な観点から挿し木の研究に取り組んでいきたい。

引用文献

(1)　神山恵三 (1980) 森の不思議な力＝フィトンチッド. 講談社, 東京.

(2)　ファーブル　植物記（1984）日高敏隆・林瑞枝訳. 平凡社. 東京.

(3)　町田英夫（1974）さし木のすべて. 誠文堂新光社. 東京.

(4)　Iwao UEHARA, Masatoshi KURAMOTO, Hiroe TAKEUCHI, Megumi TANAKA (2013) The growth of *Ginkgo biloba* and *Populus nigra* cuttings by providing distilled water of trees. 関東森林研究　64 (1):73-76.

(5)　Iwao UEHARA (2016) Attempts of cuttings utilizing *Criptomeria japonica*, *Chamaecyparis obtusa* and *Larix kaempferi* wood for nursery bed. 関東森林研究 67 (2): 259-262.

(6)　wao UEHARA (2017) Cuttings of *Lindera umbellata* Thunb. and *Lindera umbellata*

Thunb. var. *membranacea,* 中部森林研究 65:11-14.

(7)　Iwao UEHARA, Megumi TANAKA（2018）Antibacterial effects of pyroligneous acid of *Larix kaempferi*、森林保健研究 2：14-19.

─── コラム　「森林研究あるある」"とっくに調べ尽されてる！" ───

　本章でも述べたように、挿し木の研究は森林の学会においても林業上でも、いまなお発展途上にある。しかし、挿し木の研究と聞けば"とっくに調べ尽されてる！"と声を荒げる教授がある大学に昔いた。その影響もあってか、その教授の下の大学院生も「挿し木なんて調べ尽されてるよ。挿し木なんて、終わった研究だよ。」と４年生以下に、したり顔で諭すようになっていった。こうしたハッタリはある種の伝染をするものである。しかし、言うまでもなく、挿し木研究には、マツ科、ブナ科の樹木の発根促進をはじめ、未解決の問題が存在し、いまなお学会、大学、研究所で挿し木研究は行われている。また、そもそも、「研究」には終わりがない。一つの調査研究を終えれば、同時に新たな不備や課題が発生し、永続的に研究は続いていく。その後、くだんの教授の最終講義に出席する機会があり、拝聴したところ、実は挿し木をはじめ、ご自身での研究はほとんどない方だった。もともとは研究者ではなかったことが、生んだ言葉であったのかも知れない。自分の研究および研究室では、「とっくに調べ尽されてる！」の言葉は謙虚に慎しみ、戒める姿勢でこれからも進んでいきたいと思っている。

第2章 樹木の香り

2.1 森林浴、フィトンチッドという言葉の誕生

　1980年代の初頭、「森林浴」という言葉が生まれた。これは、時の林野庁長官の秋山智英氏による造語である。ちなみに秋山氏は、私と同郷の信州のご出身（佐久）。森林浴は、温泉に入るように「森林の緑のシャワーを浴びてみませんか」という当時のキャッチフレーズの言葉であった。温泉浴と同様に、森林浴という言葉を広めることによって、国民に森林をより親しんでもらうことが狙いであった。

　その森林浴ブームとともに、「フィトンチッド」という新たな言葉も合わせて聞かれるようになった。フィトンチッドとは、「フィトン（植物）」と「チッド（殺す：キル）の二つのロシア語を合わせた造語であり、植物の香りの持つ、抗菌、殺虫などの作用のことである。植物は、大なり小なり、このフィトンチッドを有し、自らの体や生長をまもっている。植物をまもるその香りが、我々人間にはリフレッシュやリラックスなどの効果として作用することが多い。玉ねぎの皮をむくと目が刺激され、涙が出てくるが、これは玉ねぎのフィトンチッド（この場合、硫化アリル）が作用するからである。また、モミの木の香りなどは、アロマセラピー（芳香療法）に使われるのは、モミの木の香り（α－ピネンやリモネンなど）がリフレッシュやリラックス効果をもたらすからである。こうして、森林浴＝森の香り＝リフレッシュ効果という図式が生まれ、森林浴の効果の根拠として、森林にはフィトンチッドがあるからだと言われるようにまでなっている。

　森林、樹木の持つ香りや、抗菌作用は現在でも注目を浴びている。例えば、若者向きの、特に若い女性を対象としたおしゃれな「自然系ショップ」では、樹木、植物の香り・アロマが様々な商品の形として売られている。

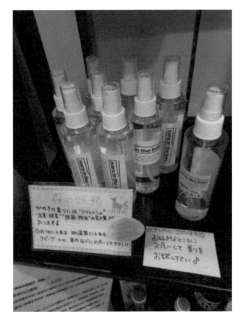

写真2.1　よく見られる市販の樹木の香りのスプレー様々な種類のものがある。

写真2.2　フィンランドでの樹木の香り講習会の様子

2.2　"空気をきれいにする木"

　そんなある日、園芸店や自然系ショップに樹木を卸している九州・大分の苗木屋さんから連絡があった。ちなみに、その苗木屋さんは農大・林学科の卒業生である。

　「私どもの売っているユーカリの苗木には、"空気をきれいにする木"というタグがついています。ある時、お客さんから、本当に空気をきれいにする効果があるのか？と訊ねられ、返答に窮してしまいました。おそらくそういう効果があるのだとは思いますが、大学で一度きちんと調べてもらえないでしょうか？」という依頼である。二つ返事で承諾したところ、まもなくユーカリの苗木が大分県から空輸されてきた。

　ユーカリ（Eucalyptus）は、とりわけその芳香が強い樹木である。コアラがその枝葉を食べていることからその名はよく知られている。ユーカリには、数多くの品種があり、園芸、緑化樹木として植栽されることも多い。東京都内のおしゃれなカフェなどでも装飾として見かけることがある。最近では、ユーカリの持つ抗菌効果も報告され、特に室内の空気を浄化する効果があるものとして、ユーカリ類を室内に置く人も増えてきているようだ。

　本当にユーカリには、空気をきれいにする働きがあるのか？この命題から、ユーカリの葉から放出される芳香揮発成分の抗菌効果についての検証実験を行うことになった。外部からの依頼、注文を受けて、すぐに実験のできるところが、小さく、小回りの利く研究室の利点だろうか。

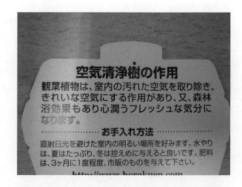

写真2.3　写真屋さんから研究室に送られてきたユーカリの苗木と、苗木に付いていた「空気清浄樹」の説明タグ

（左：生葉5g入りのビニール袋、右：枝葉をまるごとトラップ）

写真2.4　香りのトラップ

実験の方法

　まずは、菌を培養する培地づくりである。香りの研究でなぜ菌の培地づくり？と疑問に思われる方もいることだろう。樹木の香りが本当に抗菌の効果を持っているのかを実地に調べるには、やはり菌を準備し、その菌が香りによってどのように変化するかを観察することが大切であり、その菌を育てる場所としての培地づくりがまず必要になる。

　今回は、菌の培養研究でよく用いられるLB培地（塩化ナトリウム 5g、トリプトン 5g、イースト 2.5g、寒天 5g　各 g /500ml) を準備することとした。供試木のユーカリは、送っていただいたグロゴルフ種一種のみ。全長40cm前後の苗木の地上部全体、または生葉を5g分

写真2.5　ビニール袋の中にトラップしたユーカリの葉の香りをシリンジで吸引する

写真2.6　シャーレに入れた大腸菌に、ユーカリの香りを入れ、変化を数週間観察する

採取して、それぞれ縦横 25cm のビニール袋で密封し、その芳香揮発成分を一晩トラップした。

対象とする菌種は、身近な菌への抗菌作用を試験する目的から、今回は、どこにでもある、ありふれたものとして、大腸菌（*Eschewrichia coli*）と、黄色ブドウ球菌（*Staphylococcus aureus subsp.aureus*）の 2 種類の菌を東京農大の菌株保存室に依頼し、準備した。ちなみに、農大は、漫画「もやしもん」でも知られる通り、ストックする菌の種類が豊富な大学である。

それぞれの菌体を 1 ループ（10μℓ）とって、シャーレ中央に置き、ビニール袋に 24 時間トラップしておいた気体をシリンジ（注射器）で 10mℓ 吸引し、シャーレ内に吹き込んだ。シリンジの先端には、ディスクフィルター（0.2μm）をつけて夾雑物を除去し、香り以外の影響が及ぼさないようにも配慮を行った。

菌の培養温度は 28℃ で、培養は 1 ヶ月間行った。シャーレは、一つだけではなく、くりかえしとして各 10 個ずつ準備し、香りを入れない対照区も 10 個準備した。それぞれの菌体の面積の比較を定期的に測定し、ユーカリの香りを入れたシャーレと入れないシャーレとのそれぞれの菌体の変化を比較し、ユーカリの抗菌作用を考察することとした。

実験の結果は？

大腸菌、ブドウ球菌それぞれの菌体の面積の変化を図 2.1、図 2.2 に示す。大腸菌では、抗菌ではなく、むしろユーカリの芳香揮発成分を注入したシャーレの方が、菌体の増加スピードが増す結果となった。一方、ブドウ球菌に対しては、ユーカリの芳香揮発成分を注入したシャーレでは、菌体の増加スピードが抑制される結果がみられ、対照区と比べて有意差もみられた（$p<0.01$）。このことから、ユーカリの芳香揮発成分の抗菌効果は、対象となる菌によっては効果のある場合とない場合があることが推察される。今回のこの実験だけをもって、大腸菌には抗菌作用がなく、ブドウ球菌にはあると断言をすることはもちろんできない。しかし、やはりユーカリの芳香、香りが菌に対して何らかの作用を持つことはいえそうである。また、ユーカリには、数多くの品種がある。他の種類も供試材料とし、芳香蒸留水や精

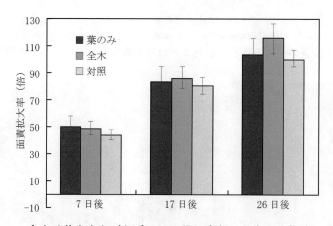

全木は苗木を丸ごとビニール袋で密封したものを指す。
図2.1　ユーカリの葉の香りを入れた大腸菌の菌体面積の変化

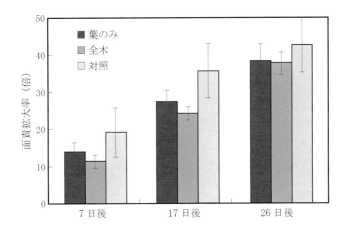

図2.2　ユーカリの葉の香りを入れたブドウ球菌の菌体面積の変化

油なども用いて、さらに検証を行っていきたいところ
だ。依頼を受けた大分の苗木屋さんにもこれらの結果
を早速報告したところ、「えっ、本当にユーカリには
抗菌作用があるんですか？それじゃあ、あの空気を綺
麗するっていう宣伝コピーはあながち嘘ではないんだ
なぁ」との感想であった。

　　それでは、クスノキの香りでは？

　樹木の香りの研究は、幅広い。ユーカリの香りの実
験の次は、日本の樹木のクスノキの香りの抗菌作用を
試してみることにした。

　クスノキは、日本に自生する常緑広葉樹であり、ク
スノキ科の樹木は西日本を中心とした照葉樹林帯の中
で、主要な樹木群でもある。そのこともあってか、西
日本では、クスノキが神社、お宮の御神木となってい
るところも多い。

（福岡県柳川市にて　2014年）

写真2.7　クスノキの大木と私

　クスノキの成分は、衣類の防虫剤の樟脳の原料としても古来より使われてきた。防虫効果
があるくらいであるから、抗菌作用も強いと考えられるが、そのこともあってか、戦前に国
内各地に建てられた結核療養所では、病棟のまわりにクスノキを植栽し、「クスノキの葉の
香りが結核菌を殺す」とされているところもあったようだ。例えば静岡県浜松市にある国立
病院機構の天竜病院には、そうして植栽されたクスノキの大木が病棟周囲にいまなお見られ
る。クスノキは、自らの樹体への抗菌作用も持っているためか、全国の長寿の樹木にも、ク
スノキが多い。

(大腸菌を3週間培養した状態)

写真2.8　菌床のひだ

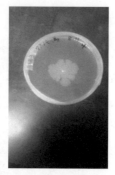

　クスノキの香りを入れた左のシャーレ内の大腸菌は小面積のままだが、クスノキの香りを入れない対照シャーレでは、大腸菌は増殖している。

写真2.9　黄色ブドウ球菌に対するクスノキの香りの抗菌作用

クスノキでの実験

　さて、そんなクスノキを供試材料とし，その葉から放出される芳香の抗菌作用について、前述のユーカリ実験同様に、大腸菌と黄色ブドウ球菌を用いて，夏至の頃の6月21〜22日、また盛夏期の8月10〜11日に、それぞれ24時間、葉の芳香をトラップして実験を行ってみた。さらに今回は、蒸留水でクスノキの葉を30分ほど煮出し、その煮出液の抗菌作用も調べてみた。また、菌体が大きくなっていく時に、菌体の縁には、ひだがみられる。このひだの形は、自己相似形で、いわゆるフラクタルの形をしているものであり、リアス式海岸なども同様のフラクタル図形である。今回は、この菌体面積の増加と同時に、ひだの数もこころみに数えてみた。

　実験の結果である。夏至の陽ざしを狙った6月の実施日は、実は曇天の天候で、日照時間がわずか0.2時間であった。そのこともあっ

表2.1　6月および8月の実験実施日の気象

	6/21-22	8/10-11
最高気温(℃)	26.5	31.2
最低気温(℃)	18.2	23.8
日照時間(h)	0.2	5.9

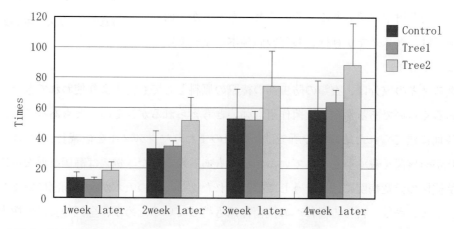

図2.3　6月の実験におけるクスノキ芳香成分が大腸菌の成長に及ぼした影響

てか、大腸菌，黄色ブドウ球菌の双方に対してクスノキの葉の芳香による菌体増殖の抑制効果は認められなかった。しかしながら、8月の実施日は、日照時間が5.9時間の条件となり、双方の菌の増殖を抑制する効果がある程度認められた。

　8月には煮出水による抗菌作用の実験も行ったところ，大腸菌に対してはその効果が認められたものの，黄色ブドウ球菌に対しては認められなかった。

　これらの結果から，クスノキ、またクスノキだけでなく樹木の葉の抗菌作用には，まずは

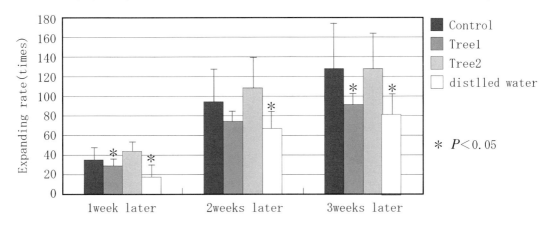

図2.4　8月の実験におけるクスノキ芳香成分が大腸菌の成長に及ぼした影響

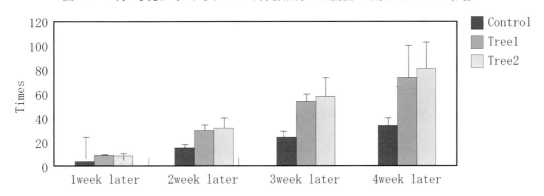

図2.5　6月の実験におけるクスノキの芳香成分がブドウ球菌の成長に及ぼした影響

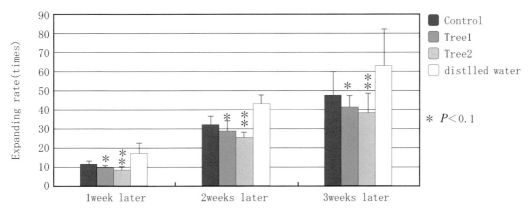

図2.6　8月の実験におけるクスノキの芳香成分がブドウ球菌の成長に及ぼした影響

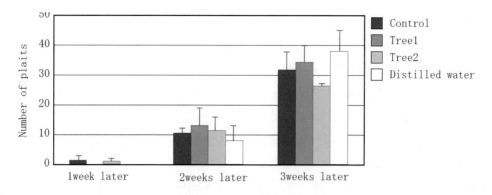

図2.7　8月の実験における大腸菌の菌床のひだ数の変化

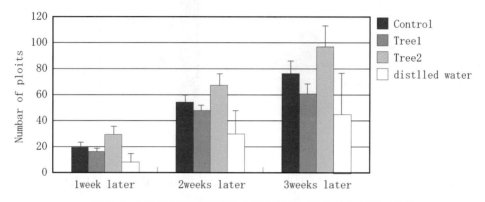

図2.8　8月の実験におけるブドウ球菌の菌床のひだ数の変化

表2.2　菌床面積と菌床のひだ数との相関係数

	E.col	Staphylococcus
Control	0.82	0.70
Tree 1	0.88	0.88
Tree 2	0.88	0.70
Distilled water	0.78	0.92

日照、光条件が大きく影響することが示唆された。光合成と同時に、抗菌作用の強弱も決定される可能性がある。陽光がさんさんと降り注ぎ、光合成が盛んに行われる条件下では、樹木の香りもまた強くなる、つまり光合成と樹木から揮発する香りは比例関係があるようだ。また、当然ながら、季節によっても、その抗菌効果は異なることも考えられる。

　また、菌体の面積の増加とともに数えた菌体のひだ数の変化も以下に示してみる。当然のことながら、菌体の面積が大きくなれば、そのひだの数も増え、菌体の面積が小さければ、ひだの数も少ない結果となった。このひだができる理由は、菌の粘着性に由来する。つまり、粘着性が強いとひだは多くなり、サラサラの状態では、少なくなる。ひだの状態をみれば、菌の粘着性の状態もうかがえるのである。

さらに他の樹種ではどうだろうか？

　ここまでユーカリ、クスノキと、樹木の香りの抗菌作用を試してきたが，さらに他の樹種ではどうだろうか？次は、甘い香りがするカツラの葉と、アロマセラピーなどでも良く使わ

写真 2.10　街路でみられる
　　　　　カツラの木

（長野市　善光寺の柱材）
写真 2.11　カツラは建築材としても優れ
　　　　　ている

写真 2.12　ヒマラスギの樹冠

写真 2.13　公園でよく見られる
　　　　　ヒマラヤスギ

（左：カツラ　　右：ヒマラヤスギ）
写真 2.14　葉の香りを 24 時間トラップする

れるヒマラヤスギを供試材料として，これまで同様の実験をしてみた。

　カツラは、ハート形の葉を持ち、その葉は秋に黄葉する。黄葉は落葉になっても綿飴のような甘い香りを持つことがよく知られており、たき火などをしてもカツラの葉がまじっていると、甘い香りがする。その甘い香りの正体は、マルトールという多糖類であるが、その甘い香りを含んだ葉でも、やはり抗菌作用はみられるのだろうか？

　また、ヒマラヤスギは、その名にスギの名称がつくため紛らわしいが、マツ科の樹木である。ヒマラヤ地方原産の樹木であり、公園などでよく見かける大木である。アロマセラピーでは、聖なる木としても使われる樹木とのことである。

　これらの二つの樹種についても、前述のクスノキ同様に、2012年6月と8月にそれぞれ24時間芳香をトラップして実験を行ってみた。

　実験の結果，やはり日照時間が短い実験条件下ではカツラ，ヒマラヤスギともに大腸菌，黄色ブドウ球菌の双方に対して葉の芳香による菌体の増殖を抑制する作用は認められなかった。しかし，日照時間が長い条件下においてはカツラには二つの菌の増殖を抑制する効果が

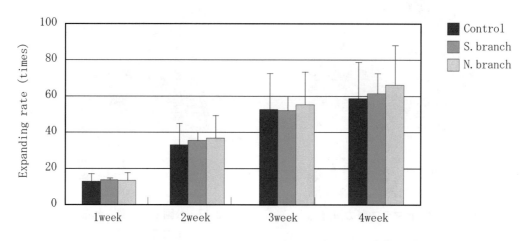

図2.9　6月の実験におけるカツラ芳香成分処理下での大腸菌面積の拡大率

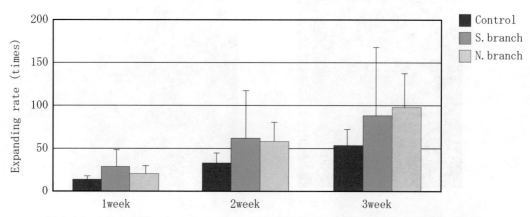

図2.10　6月の実験におけるヒマラヤスギ芳香成分処理下での大腸菌面積の拡大率

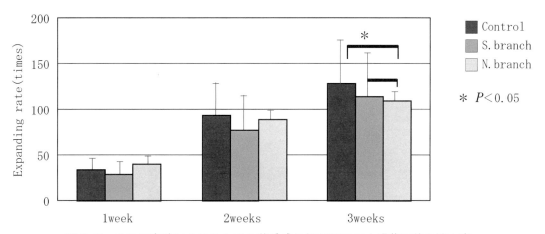

図 2.11　8 月の実験におけるカツラ芳香成分処理下での大腸菌面積の拡大率

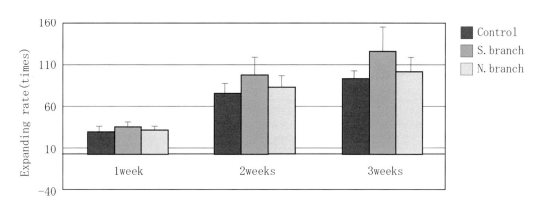

図2.12　8 月の実験におけるヒマラヤスギ芳香成分処理下での大腸菌面積の拡大率

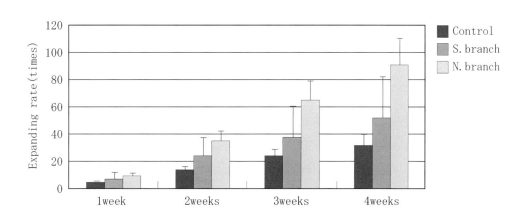

図2.13　6 月の実験におけるカツラ芳香成分処理下での黄色ブドウ球菌面積の拡大率

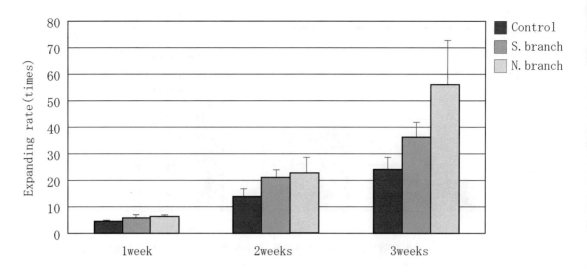

図2.14　6月の実験におけるヒマラヤスギ芳香成分処理下での黄色ブドウ球菌面積の拡大率

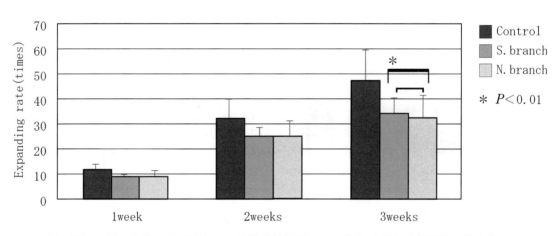

図2.15　8月の実験におけるカツラ芳香成分処理下での黄色ブドウ球菌面積の拡大率

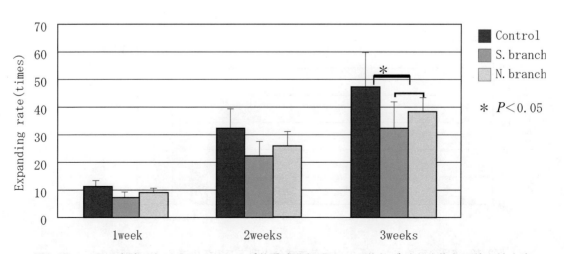

図2.16　8月の実験におけるヒマラヤスギ芳香成分処理下での黄色ブドウ球菌糸面積の拡大率

クスノキの並木（左：鹿児島市）　　カツラの並木（右：軽井沢町）

写真 2. 15

写真2. 16　伐採作業後、現場にそのまま捨てられる枝葉

ある程度認められ、ヒマラヤスギでは大腸菌に対しては認められなかったものの，黄色ブド
ウ球菌に対しては認められた。本実験の結果から，樹木の香りの持つ抗菌作用は，日照条件
や季節，そして樹種、個体によってその強度が異なることがあらためてうかがい知ることが
できた。

2.3　樹木の香りの幅広い可能性

　今回は、農大ＯＢの大分の苗木屋さんからのお申し出を発端にして、樹木の香りの抗菌作
用を調べることになり、ユーカリ、クスノキ、カツラ、ヒマラヤスギと、その抗菌作用につ
いて簡易実験を行うことができた。従来、樹木と言えば、まずは建築材、家具材などの用材
としての利用が主であった。これからもそのことに変わりはないけれども、樹木は決して用
材ばかりではない。今回調べて再確認できたように、樹木の香りもまた大きな可能性を持っ
ている。単なる芳香剤だけではなく、抗菌利用や、医薬品利用としての可能性も大である。

写真2.16　森林に出かけ、森の香りを楽しみ、森の香りをお土産に持ち帰る。そんなツアーも実現できそうだ。

　そして認知症の患者さんの記憶回復などにも、樹木の香りは強い効果をもたらすことがある。

　また、現在は、「自然素材」が人工的な化学製品よりも人気があり、重用されるようになってきた。樹木の持つ香りは、樹種によって様々であり、その種類だけ可能性があると言ってもよいだろう。これまで単に打ち捨てられてきた樹木の枝葉が、新たな姿、形態で、私たちの生活を彩ることになるかも知れない。

　樹木の香りは、特別にあつらえたり、準備するのではなく、通常の林業の間伐や伐倒作業の際に出される枝葉の残材であってもよい。これまで林地に打ち捨てられてきた枝葉にも、「香り」という新たな面からの利用の可能性がある。

　現在、エコツーリズムをはじめ、様々な自然体験や、散策ツアーがあるが、「森の香りの散策ツアー」などはいかがなものだろうか？　何気ない普通の山林に出かけ、風景を愛でながら、香りを楽しむのである。これまで「林業地」として一般の方には敷居の高かった山林も、香りや風景といった側面から、意外に数多くの人が訪れるようになるかもしれない。自然の香りには、たとえそれがありふれたものであったとしても、人々を動かす力が秘められているように感じられる。

引用文献

⑴　Iwao UEHARA, Hiroe TAKEUCHI, Masatoshi KURAMOTO, Megumi TANAKA (2014) Basic study on the antibacterial effects of volatile fragrance of *Cercidiphyllaceae japonicum* and *Cedrus deodara*.　関東森林研究 65(2): 331-334.

⑵　UEHARA Iwao, KURAMOTO Masatoshi, TAKEUCHI Hiroe, TANAKA Megumi (2013) Antibacterial effects of volatile fragrance and distilled water of *Cinnamomum camphora* leaves. 中部森林研究 61:171-174.

⑶　UEHARA Iwao, TANAKA Megumi(2013)Basic study on the bacteria resistance effects of *Cinnamomum camphora* and *Eucalyptus.* 関東森林研究 63(1):121-122.

(4)　上原巌、清水裕子、住友和弘、高山範理（2017）森林アメニティ学、p.167　朝倉書店
　　　東京

森林研究あるある　"図鑑と違う！""自分たちのものとは違う！"

　森林の研究を進める上で欠かせないのは、樹木の検索、同定作業である。これは、外国語を学ぶ上でその単語をおぼえることと同様に、必要不可欠なものである。私が担当する講義・実習科目でも、毎年、1年生の実習からこの樹木検索と同定を行っている。そして、この実習中、毎年のように学生から聞く言葉がある。それは、「図鑑と違う！」という言葉である。日頃からスマホ、インターネット検索に慣れ親しみ、メディア依存傾向にさえある今どきの学生からすれば、信じられず、許しがたいことなのかも知れないが、実際の樹木の枝葉の形態は豊かに変形をしており、様々なバージョンがあって、図鑑の写真とぴったり同じ葉の形というのはむしろ少数なのである。

　そして、さらにもう一つ聞く言葉がある。それは、「自分たちのものとは違う！」である。これは、樹木散策、同定実習のあと、その復習も兼ねて行う樹木テストの際に聞かれる言葉だ。樹木テストでは、学生たちが作業をした枝葉とは別個にテスト用に準備した枝葉でテストを行う。そのため、もちろん同じ樹木から採取した枝葉であっても、学生が作業した枝葉とは、趣が異なる場合がほとんどである。そのような差異が生じた際、途端にわからなくなってしまい、この言葉を叫ぶことになるようだ。

　しかし、いずれにしても、この二つの言葉には共通点がある。それは、自分側の主張であるということである。図鑑と違う葉を持てば、「図鑑が違う」。自分たちの扱った葉と趣が異なれば、「自分たちのものとは違う」。つまり、あくまでも主軸は自分の方にあり、そうでないものはおかしいという、受け入れられないというスタンスである。あえて付記すると、この自己本位的な物の言い方は、キャンパス内ではよく聞く。自分ではなく、相手が自分の意図したように存在あるいは行動しなかったことが原因であり、問題なのだ、とする主張である。これもまた時代の特徴なのだろうか。

　このような言葉からコペルニクス的な転回をその思考にもたらすことも、現代の教育現場における一つの課題のように思われる。

第3章　各地の森林でのフィールド研究

　私は現在、東京の大学で、造林学を学ぶ研究室に勤務をしている。各講義、実習のほか、国内外から依頼を受けた森林、山林での調査をはじめ、30〜60名の学生を引率する演習林での実習も行っている。

　農大の森林総合科学科の各研究室は、3年次より所属することになっており、わたしの造林学研究室では、3年次は、森林での調査プロットの設定方法に始まり、毎木調査の方法（胸高直径、樹高の測定）、林分密度管理、樹冠投影図の作成、適正な間伐率の算出、そして間伐、除伐実習などを行い、いわば森林・林業の基礎トレーニング期にあて、4年生からは、学生自身が各自の研究テーマのフィールドに出かけて調査研究を行うよう指導している。

　かくして出かける各地の森林、山林では、研究論文や専門書には詳らかに載っていない事象に出会うことが多々ある。本章では、そうした身近な森林における現在の研究について幾つかご紹介したい。

3.1　間伐と林床の木本植物

　間伐は、その林分の密度、本数を適正にし、日光および養分を均等に十分に林木に供給するために行う、森林保育作業の一つである。特にスギ、ヒノキ、カラマツなどの人工林の場合、その植栽密度は、人間が自分たちの考えで植えた密度本数であるから、自然界のルールとはそぐわないことが多々あり、定期的に適切な間伐を行うことは極めて大切である。例えば、間伐をせずに放置し続けた場合、ヒノキの林分では、林冠の閉鎖と共にやがて林内、林床が

間伐がされず放置されたヒノキ林
林内が暗く、林床には植物がない
土砂流亡などの災害が発生しやすい

写真 3.1

適切に間伐がされているヒノキ林
下層植生が豊かであり、
土砂流亡などが起きにくい

写真 3.2

暗くなり、立木はモヤシのようになり、下層植生は衰退していってしまう。逆に、間伐を行った場合、それに伴う光環境、養分条件の変化により、様々な植物が林間、林床に芽生え生長していく（写真 3.1、3.2）。しかし、その間伐率は、一体どのくらいが適切なのだろうか？実は、この問いに答えられるオールマイティーな答えはない。各樹種やその林齢、各々の立地条件などによって、適切な間伐率は異なるからである。

そこで造林研では、東京農大の奥多摩演習林や、富士農場内のヒノキ林分に、間伐強度の異なる試験区をそれぞれ設け、間伐効果を調べている。ここでは、富士試験林内で、その林床に天然更新する木本植物を調べてみた事例を紹介してみよう。

調査を行ったヒノキ林は約 50 年生の林分であり、2001 年に、30％、50％、70％のそれぞれ間伐が行われた。平均樹高は約 17.5 m、平均 DBH は約 24cm、平均枝下高は 6.5 m である。それぞれの林分の立木本数を図 3.1 に示す。

また、各区の相対照度を図 3.2 に示す。相対照度とは、立木が全くない全天空条件での照

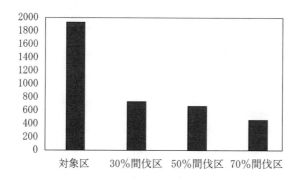

図 3.1　試験区の立木本数

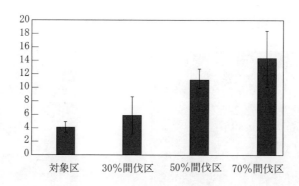

図 3.2　各区の相対照度（％）

表 3.1　各区の林床の樹種数

対照区	30％間伐区	50％間伐区	70％間伐区
29	35	31	30

| 対照区 | 30%間伐区 | 50%間伐区 | 70%間伐区 |

写真 3.3　林冠の比較

度と比較した林内照度である。

　調査ではまず、林床の樹種を調べてみた。表 3.1 に各区の林床で見られた樹種数を示す。意外なことに、間伐率からは樹種数そのものには大差が見られなかった。しかし、このことは、間伐をしてもしなくても、多様性は変わらないということにはならない。間伐をせずに放置される期間が長くなればなるほど、ヒノキ林内は暗くなっていくからである。

　では、次に、林床の樹種数に差は見られなかったとしても、それぞれの構成割合の比較はどうだろうか？それを以下の図 3.3 に示す。

　間伐を行わなかった対照区ではリョウブが約 7 割を占有している。しかしながら、間伐を

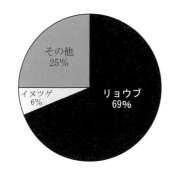

⑴　対象区の林床樹種の構成

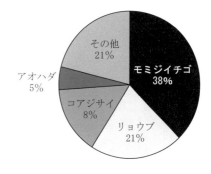

⑵　30%間伐区の林床樹種の構成

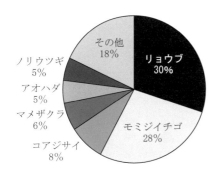

⑶　50%間伐区の林床樹種の構成

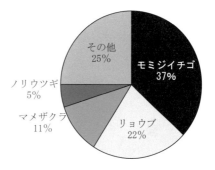

⑷　70%間伐区の林床樹種の構成

図 3.3　それぞれの間伐区の林床樹種の構成

行った林床では、樹種構成に対照区よりも偏りがないことがわかる。間伐は、樹種の出現数のバランスを調整する作用もあるのだ。

　けれども、これらは平面の、つまり二次元的な分布を示したものである。それでは、次に三次元空間的に、つまり垂直方向での樹種構成はどうなっていたのだろうか？それを以下の図 3.4 〜 3.7 に示す。

　図では各区での樹高 0.3 m 以上の樹種の平均樹高を示してある。間伐率の上昇にしたがって、林床の樹種の樹高も高くなり、同時に 0.3 m 以上の樹木の種類が増えることもうかがえる。間伐は、日光、土壌栄養双方に影響を及ぼすことから、下層植生の高さもコントロールするのである。

　これらの結果から、間伐は、林床の出現樹種の割合と林内空間の占有度にも影響を与えることがうかがえる。林床で見られた樹種はいずれも広葉樹であり、鳥類または風による散布であると考えられるが、それにはヒノキ林近隣に広葉樹林が存在しているか否かがポイントとなる。また、出現した広葉樹には常緑のもの、落葉性のものがあり、その耐陰性にも差異がある。庇陰に強く、やがて林床を覆ってしまう耐陰性の強い樹種を刈り、除伐していくことは、生態学の「競争排除則」を緩和し、多様性を高めるために必要不可欠である。「競争排除則」とは、同じ場所にある複数の植物は、安定的には共存できないという原則のことで

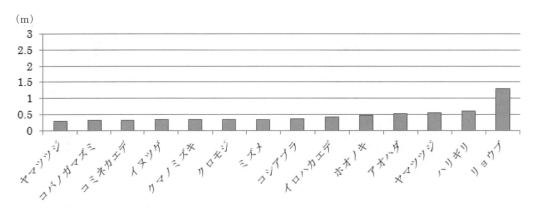

図 3.4　対象区の林床樹木の樹高（m）　※ 0.3 m以上のもののみ

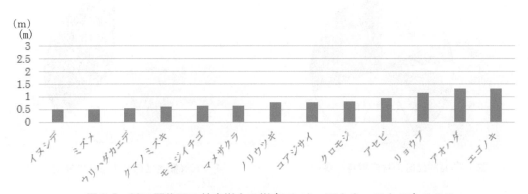

図 3.5　30％間伐区の林床樹木の樹高（m）　※ 0.3 m以上のもののみ

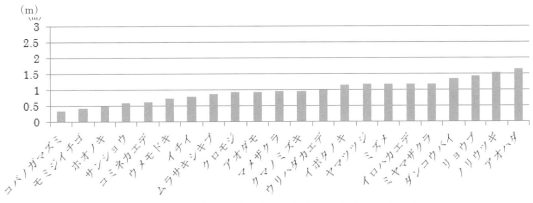

図 3.6　50%間伐区の林床樹木の樹高（m）　※0.3ｍ以上のもののみ

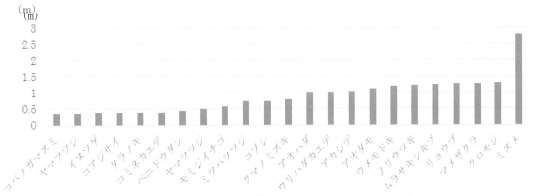

図 3.7　70%間伐区の林床樹木の樹高（m）　※0.3ｍ以上のもののみ

ある。林床は放置しておくと、競争に強い種だけが生き残ることになり、結果的に多様性が低下してしまうのだ。そして多様性の低下によって、一体何が困るかと言えば、土壌中の養分循環が低下することをはじめ、病虫害への抵抗性などもまた低下を招くことになるのである。多様な種の植物が存在した林地は、いわば好き嫌いなく土壌中の養分を無駄なく吸収し、かつ多種類の落葉などによって、再循環を行うことができるため、病虫害に対する抵抗性、回復性もまた高まるのである。

　もちろん林床に出現した広葉樹は、すべてが林業に供されるわけではない。その中からいかに有用広葉樹を選び、育成するかが林業上の課題となる。これらのことから様々な目的にあわせて、密度調整を行うことが望まれ、局所的な保育作業が必要とされる。けれども、これらのことは意外に実行できる可能性が高いと私は考えている。というのも、日本の私有林のほとんどは、零細な所有だからだ。かくいう私自身もその零細な山林の所有者である。零細であるからこそ「この木は伐ろう、あの木は残しておこう」といった局所的な手入れが実現可能であると考えている。その実現のためには、各樹種の同定能力や、林地土壌の判定といった基礎的なことがやはり大切である。

参考文献

(1) Kawahara, T. (1994) Art of tending regenerated broad-leaf trees at artificial needle-leaf tree stand. Broad-leaf forest practice（広葉樹林施業）. pp. 154-173. Zenrinkyo, Tokyo.(in Japanese)

(2) Nyland, R.D. (2002) Silviculture – Concepts and Applications. 682p. Waveland Press, Long Grove, IL.

(3) Smith, D.M. (1986) The practice of silviculture. 527p.Wiley, New York.

コラム 「森林研究あるある」 "研究テーマ"

　現代は科学：サイエンスだけでなく、学問全体で細分化が進み、ある一つのテーマを対象とする学問は、さらにその深遠さ、鋭角化を加速している。森林・林業研究においても、それは同様で、年々その細分化は増していく。気が付いてみれば、森林の研究をしているのか、生理の研究をしているのかわからないなどといった次元はまだまだ原始的なレベルで、生物学、化学といった分野から、はたまた確率論、量子論にまで行きついていく。

　しかし、一方で、研究分野の統合化の動きも年々増している。境界領域だけでなく、これまで疎遠に考えられてきた分野同士が思わぬ結合、融合を見せることもあるからだ。古文書に残る森林風景の絵画から当時の植生状況や人口密度などを推定する場合などがそうであろうか。けれども、細分化にしても、統合化にしても、新たな研究のテーマが生まれるということでは、双方ともに加担をしている。毎年毎年新たな研究テーマが生み出されているのが現代なのである。各研究テーマは細分化、あるいは統合化をしているのだから、たとえ一つのテーマであっても、それぞれのテーマの研究には長い時間と共に、研究に対する一定の集中力が求められる。学会の分科会などでも、毎年の参加、発表メンバーの顔触れはほぼ固定化しているのはそのためでもある。

　「研究テーマは、あれこれ変えちゃだめだよ。あんまりフラフラしていると、あの人は一体なにが専門なのって疑われちゃうからね」とアドバイスするある教授に出会ったこともある。たしかにそれも一理あるだろう。一つの研究を究めるだけでもかなりの時間と集中力が必要とされるのだから、研究テーマを変えたり、テーマをあちこち跳び歩いたりするのは、ナンセンスなことなのかも知れない。

　しかしながら、森林林業の研究の場合は、常にバラエティ、多様性のある研究テーマを率先して求めていく必要があるのでは、と私自身は思っている。自分の浅学さと厚顔さをさしおいて換言すれば、これからの森林林業研究は、複数のテーマを各自が持ち、それらを統合化して一つの答えを出していくことが大きな使命、ミッションであると思っている。「私にはこれしかできない」というごく狭い範囲での研究を重ねる人もいるが、ある点だけに立脚した研究は、その研究テーマを真にとらえることも不可能なのではないだろうか？

　あえて多様な研究テーマに取り組み、統合化していくことが、これからの森林林業研究を真に活性化させることになると思う。

3.2　森林・樹木と数学

　森林・林業に携わる上で、算数・数学は欠かせない。得手、不得手にかかわらず、林分面積、材積、植栽密度の計算をはじめ、集材機、索張りや橋梁の安全係数、砂防堰堤の安定係数、河川の流量計算、また経営面での収益、複利計算など、とかく森林・林業と数学・数字には切っても切れない縁がある。挿し木からの発根なども、微分で考えると、その成否の原因がより明確になるだろう。

　私の学生時代、林学専攻の学生にとって、統計学は必修科目であった。現在でも、森林科学、林学の学術論文では、差の検定や分散分析、相関係数の計算などは必須ツールである。それでは、本項ではあらためて森林・樹木と数学についてふれてみよう。

樹形について

　まずは、森林を形づくっている個々の樹木の形、樹形についてである。森林、林業に携わる者にとっては、樹形などはあまりにも当たり前すぎて、ご飯の米粒を一つ一つ眺めるようなものであるかも知れない。けれども、読者のみなさんは、日頃どのように個々の樹形にあいまみえているのだろうか？

　樹木の枝の付き方、分枝の規則については、「フィボナッチ数」があることは、よく知られている（写真3.4、写真3.5）。フィボナッチ数とは、イタリアの数学者レオナルド・ダ・ピサ（1174 - 1250?）によって発見された数列のことであり、自然界はすべて「フィボナッチ数」で表せるといわれている。私の造林学研究室でも、林地に植栽されたコナラ、ミズナラ、ケヤキ、イタヤカエデなどの広葉樹の分枝でのフィボナッチ数の計測を卒論研究などでこころみたことがある。植栽密度や、林地の立地条件によって、そして各樹種によって、樹木の分枝状況は異なっていく。その分枝の状況を数学的に把握することができたら面白いというわけである。植栽をする際にお互いの樹種の分枝の特徴が把握できていれば、混植の相性的にも有効である。また、ここで特徴的なことはその分枝には、「素数」が多いことである。

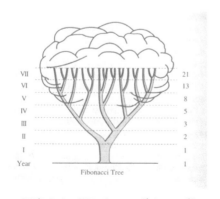

写真 3.4　樹形とフィボナッチ数

写真 3.5　植栽広葉樹のフィボナッチ数の測定（農大・造林研）

（左：ケヤキ　　右：カキノキ）

写真 3.6　樹木の枝条のシルエットに見られるフラクタル（自己相似形）
の形状

素数とは、1またはその数のほかには約数を持たない2以上の正の整数のことである。「素数は宇宙を形作る」とも言われるが、やはり樹木の中にも素数はちゃんと含まれているのである。

　また、樹木の形は、フラクタル（自己相似形）という形状によっても表現することができる。フラクタルとは、同じ形の繰り返しのことであるといってもよい。写真3.6は、ケヤキとカキノキの裸木の様子であるが、いずれも枝条の形と樹木全体の形が相似である。個々の枝の分枝の形状は、その木全体のシルエットとも似ている。つまり、部分的に同じ形を繰り返しながら、全体の形も作っているのである。

　こうしたことから、私の研究室では、樹形をタイプ別に分類する実習も行っている（写真3.7）。樹形は、おおよそ8種類のタイプにその樹形を分けることができ、その8タイプとは、円柱型、長円錐型、短円錐型、さかずき型、丸形、しだれ型、匍匐型、つる型である。数学にはトポロジー（位相幾何学）という分野があり、これは長さや面積など、図形の定量的な

写真 3.7　私の研究室での樹形観察ゼミ：樹形を8種類に分類する

⑴　スギ、ヒノキの球果　　　　　⑵　タンポポのドーム状の綿毛　　⑶　モミジバフウの実

写真 3.8　様々な種子、実の形の共通性

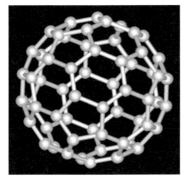

写真 3.9　化学的な「フラーレン構造」

性質を無視して、穴の数やつながり方といった、図形の定性的な性質だけに着目した幾何学のことだ。そのトポロジーの分野で「宇宙はどんな形をしているか？」という命題がかつてあり、研究の結果、理論上、宇宙には8つのタイプが想定できることが明らかになった。樹形と宇宙の形では次元が異なるものの、8タイプに分けられるという点が共通していることも、この世界の事象として興味深い。

　次に、微細な形象にも目を向けてみよう。スギやヒノキの球果、タンポポの綿毛、モミジバフウの実などは、いずれもサッカーボールの形によく似ている（写真3.8）。化学構造でも「フラーレン」と呼ばれる構造があり（写真3.9）、同様の形状を持っている。こうした「フラーレン構造」もまた森林、自然界では目にすることがあり、これらは、安定性を保持する際、形成される形状であるとも考えられる。

　また、樹木の葉は内側にU字型にしなっており、日光の反射に役立てられている。その葉縁を切り取ってみると、その曲率が顕著にわかる。樹種だけでなく、部位によってもこの曲

写真 3.10　樹木の葉の表面にみられる「曲率」（写真左、中）。葉縁を切り取ると、その曲率は顕著になる（写真右）。

率は異なる（写真 3.10）。

　私は、さらに森林の変化自体を四次元的に考えるモデルを目下検討している。その理由は、森林の変化については、縦、横、高さの三次元的な事象だけでなく、現在から数十年後の森林状況を予想するという「時間軸」を加えた四次元的なイメージ把握が必要とされるからである。森林の変化にはその土地の気候をはじめ、地形、斜面方向、土質、土壌条件や、周囲の植生環境、その森林の初期条件、人間による森林保育管理の有無などの各因子が複雑、多様に関与していく。

　ここで中学、高校での数学を思い出してみよう。中学の数学では、X、Y、Z の三つの軸を用いた三次元の座標、グラフが用いられる。その後、その三次元座標は高校の数学では行列、ベクトルに応用され、大学の数学では線形代数としてさらに発展し完成される。森林空間ももちろん「縦、横、高さ」の三次元空間であるから、まずは三次元座標、三次元グラフで表現することができる。

　ここではさらに、ベクトルを使ってみよう。ベクトルは、方向と大きさを持つ表現であり（図3.8）、複雑な現象から単純な現象を取り出すときなどにも便利である。分岐、分枝の特徴を持つ樹木の生長表現には、うってつけのものであり、例えば、樹木の対生、互生の分枝などもベクトルで表現できる（図3.9）。

　これらのことから、個々の樹木の生長も基本的な上長生長（上に向かって伸びていく生長の意）はもとより、分枝状況、分枝生長についても、そのベクトルの方向と大きさから、生長特性を把握することができる。ある年までは、ある方向に旺盛な生長を示していた樹木が、ある年からは、こちらの方向に分枝が進み、やがて全体の生長量が減じた、などの把握が可能となり、周囲の木々からの被圧や耐陰性の強弱もベクトルを用いて表現できる。

　次に一見雑然とした立木群であっても、ベクトル群によってそれを表現することができる（図 3.10）。それぞれの立木の持つベクトルの方向性、大きさ（生長特性）の概況を把握しながら、それぞれの生長の相互関係についても推測することができるだろう。これらの樹木がこの方向に生長している時、これらの樹木はこちらの方向に生長をする傾向がうかがえる、

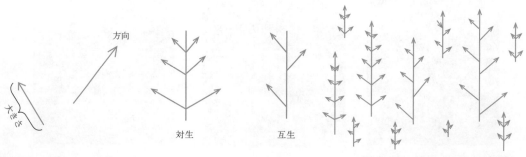

図 3.8　ベクトル　方向と大きさを持つ表現

図 3.9　対生と互生の分枝のベクトル表現

図 3.10　林のベクトル表現の一例

写真 3.11　皆伐（左）状況から 5 年後の植生

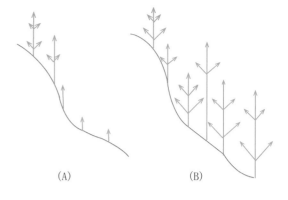

図 3.11　写真 3.11 のベクトル表現の例

などのような考察に使えるのである。

　そして、その上にさらに時間の経過という尺度を設定し、将来その森林がどのような姿になっていくかを予想していく。実際には、モデルよりも速く森林が形成されていくケースもあれば、生長が早期に停滞してしまう場合もある。

　写真 3.11 は、福島県における森林の形成変化の写真である。左側は、2011 年に皆伐された際の森林の様子、右側は同じ場所の 2016 年の様子である。1 年草、2 年草といった草本植物だけでなく、木本植物も急激に再生していることが見て取れる。これを、ベクトルを使って予想してみると、図 3.11 のようになる。当初は、（A）のような変化を予想していた。緩慢で散漫な変化である。しかし、実際には（B）のような変化となった。樹種の多様性、植生回復のスピードとも、予想以上に旺盛だったのだ。また、さらに詳細にアプローチをすれば、各樹木の枝のベクトル伸長の特性から、この空間での煩雑性や空間占有率をとらえることも可能である。個々の樹木のベクトルの変化は、やがて森林形成や遷移という大きなまとまりのベクトルも生み出していく。この現象は「自己組織化」とも表現できる。

自己組織化

　意図した設計、計画があったわけではなくとも、自然にシステム（系）ができあがることがある。そのことを自己組織化という。森林の形成や遷移などもその自己組織化の現象の一つである。自己組織化は、人間社会でもよく見られる現象であり、いつの間にかあるシステムが形成され、それが様々な効果を持ち、思わぬ力を発揮することがある。

　森林でもこの自己組織化によって、思わぬ方向性、結果が見いだされる場合もある。また、自己組織化には、空間と時間、また組織を形成する構成要素が必要である。その変化の段階では、安定した状態がある期間つづくこともあり、増殖、または複製という変化をもたらす場合もある。自己組織化を構成する要素は、あらかじめその条件下で束縛されるものもあれば、比較的に自由度を持つものもあり、それぞれの相互作用もある。前述した数多くのベクトルによって形成されていくものなのだ。

　こうしてみると、森林環境の中にだけではなく、我々人間の日々の日常生活の中でも、自己組織化はみられている。例えば人間関係である。ある少人数のグループが何かの事情で発生し、やがて、それぞれのメンバーの交友から、芋づる式にその人数が増えていく。しかし、その人員の中で、やがて役割分担が何となく決まり「組織」での活動として変化していく。その組織化の中で、活性化する部分もあれば、排出、あるいは分離、脱落していく部分もあるといった具合である。また、人間関係などではなく、物事でもそのような自己組織化が起こっていく場合がある。例えば、街かどや線路わきで見られるゴミなどがそうだ。誰かがある場所にポツンとゴミを落とす。その一つのゴミが放置されることで、別の人物が同様にゴミを捨てる。ゴミは、ペットボトルや空き缶でもよい。時間経過とともにそのゴミの量や種類は増えていく。これもまた自己組織化の一つである。都市の発達にも自己組織化がみられる。

　自己組織化現象は、構造を発展させる因子と抑制する因子との競合で形成され、森林環境においては、周期的空間構造の形成であるとも言える。つまり森林という組織の中での役割に変化が時間を追って見られるのだ。

　また、別の言い方をすると、森林、樹木の生長は、単純な生長過程を示す線形現象と、単純ではない非線形現象との組み合わせであるとも言える。初期では順調にすくすくと生長を続けながらも、ある一定の樹齢、林齢になると、その生長には制御がかけられ、その過程は一様、恒常とはなっていかない。これは人間の成長も同様である。森林、樹木の生長にも、人間の成長にも節目、段階がある。森林、林分というまとまりを管理する場合、職場あるいは教室のように、個々の特性、個性を勘案した対応が必要とされる。ベクトル表現を使えば個々のベクトルの方向、大きさを勘案した管理、運営が求められるということであろうか。さらに前述したように、その個々のベクトルには、それぞれの段階によって刻々と変化をするため、徹頭徹尾、同じ対応方法に終始していたのではダメである。生長段階に応じての管理、対応のシフトチェンジが求められるのだ。また、当然ながら、先述した福島の皆伐後の変化事例のように、森林、樹木の生長特性では、思わぬ方向性、大きさを示すベクトルが見いだされる場合も多々ある。

　森林の変化は、その土地の気候、地形、斜面方向、土壌条件、周囲の植生環境のほか、そもそもの初期条件の違いや、森林保育管理など数多くのパラメータ（媒介変数）を持ち、複雑、多様に変化するため、正確に予想することは難しい。けれども、それらの各条件から数多くの因子から成り立つマトリックス、行列式を組み、線形代数、ベクトル空間で表現、予想する手法はある程度作ることが可能である。数学の醍醐味の一つは、森林、樹木の様々で複雑な現象から、単純な現象、メカニズムを取り出し、抽象化することである。前述したベクトルは、方向、角度を持つことから、樹木、林分の伸長現象の表現にも応用できるし、実際、林木の枝の伸長には、正と負の双方のフィードバックがあって、樹形、林形の調節もしているのだ。ベクトル表現に好適かもしれない。

　では、次に「マトリックス」に焦点を当ててみたい。

行列：マトリックスを組む現代の森林林学

　科学は、常に歴史的な潮流を持っている。例えば、物理学の歴史を紐解いてみよう。かつてのアリストテレスの時代から、ガリレオ、ニュートンの時代へ、そしてアインシュタイン、ボーア、ハイゼンベルク、さらには現代のホーキングの時代へと、「古典物理学」からその時代における「現代物理学」へと継承、発展してきた。

　林学、森林科学においてもやはり同様の歴史的な潮流がある。いわば「古典林学」から「現代林学・現代森林科学」への流れ、継承とでも言うべきだろうか。

　それでは、「現代林学・現代森林科学」とは、どのような姿だろう？それは、多様な領域、分野を取り込んだ、いわゆる学際的な科学の姿である。特に現象面、生理面、生態学的な側面での発展としてそれは現れる。

　例えば、自然の種子散布を考えてみる。自然界において、様々な種子が、様々な環境因子の影響を受け散布されている。しかしながら、言うまでもなく、どのような森林であっても、その散布される森林環境は一定、一様ではなく、散布時の環境要素もまた異なる。季節の違い、気象・天候条件をはじめ、常緑樹林と落葉樹林でもその環境は大きく異なり、加えて森林の整備状況によってもそれらは異なっていく。これらのことから、こうした様々な条件の組み合わせをもとにした論理的な考究を行うことが重要となる。その際に、現代の量子理論の応用を取り入れた森林科学の可能性も考えられる。

　量子理論は、通常、数学の行列（マトリックス）、線形代数を使って考察される。物理学者のハイゼンベルクは、量子の位置や運動量などの観測値がどのように変化するかに注目し、「行列力学（マトリックス力学）」を考案した。また、線形代数（linear algebra）とは、線形空間（ベクトル空間）や行列（マトリックス）で表現される、代数学の一部門のことである。

$$\begin{pmatrix} a_{11} & a_{12} & a_{13} & a_{14} \\ a_{21} & a_{22} & a_{23} & a_{24} \\ a_{31} & a_{32} & a_{33} & a_{34} \end{pmatrix}$$

図 3.12　3 行 4 列の行列形式

　一般的な行列の形式を図 3.12 に示す。行列式では、数値を横に並べたものを「行」といい，縦に並べた数値を「列」という。図 3.12 は、3 行 4 列の行列形式である。

　それでは、この行列を使うと、森林ではどのように表現、活用できるのだろうか。まずは単純な例として、林分の平均樹高（H）や、平均胸高直径（DBH）を考えてみよう。

　A 林分の平均樹高は 15m、平均 DBH は 20cm、B 林分では、それぞれ 20 m、30cmであるとする。これを行列的にまず表記してみると図 3.13 のようになる。この時のルールとして

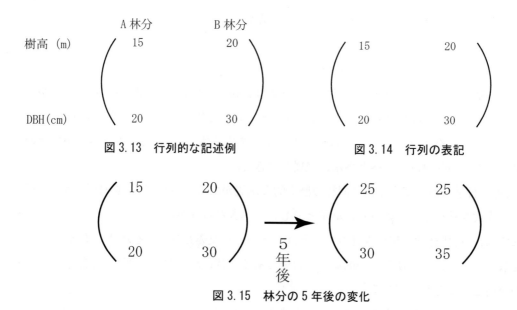

図 3.13　行列的な記述例　　　　　　　図 3.14　行列の表記

図 3.15　林分の 5 年後の変化

大切なことは、横の行には同じ単位のものを並べ、縦の列で比較するものを分けて並べるということである。さらにそれを行列表記のみであらわすと図 3.14 のようになる。

　では次に、これの行列表記に、さらに施業を絡めて考えてみよう。図 3.15 は、A、B それぞれの林分が 5 年後にどのように変化をしたのかを表したものである。A 林分は、5 年後に樹高（15 → 25）、胸高直径（20 → 30）ともに生長量が順調に増加している。それと比べると B 林分では生長が鈍く、頭打ちになっている（20 → 25、30 → 35）。これは実は、A 林分では 5 年前に間伐を実施しており、その間伐効果が得られたことを表したのである。

多次元のマトリックスの可能性

　まずは単純な例として、2 列 2 行の行列形式を取り上げたが、行列の良いところは、その表記が何列、何行でもできることである。列、行ともに、単純な二対比較はもとより、X、Y、Z の三次元表記から、数十、数百もの比較列記や、多次元での表記が可能である。それでは、この多次元での表記には、どのような利点があるのだろうか？それは、林木の林齢、林分傾斜や、斜面方位、植生被度、土壌流亡量、降水量など、様々なその林分の環境因子を加え、列記していくことができることによって、より高度な林分把握を行うことができるということである。この行列、線形代数、マトリックスを取り入れる手法は、林分の植生の構成や、林分そのものの形成変化（遷移）、また苗木の生長条件の考察などにも応用できるだろう。かつて種まきや苗木植栽において「どの程度発芽するか？活着するか？」と単純に期待、予想していた次元から、より高い次元の思考を行っていくことが可能になり、より確実性を高い環境整備と、それに必要な事柄も導き出していくことができるだろう。天然更新の調査などに応用した場合であっても、母樹年齢や発芽力などの種子の条件とともに、その林地の温・湿度条件、立地傾斜、土壌含水率、風力などの環境因子を並列し、その種子の自然

散布時の条件を多様に表現することにより、樹種によって、あるいは森林の条件や、その環境条件によって、種子散布の形態がどのように変わるのかを表現し、更新率をある程度予想することも可能となる。

　これからの森林科学は、このように様々な分野、領域の要素、手法をマトリックス的に取り入れ、より包括的に森林の姿を浮き彫りにし、管理していく姿となっていくのではと私は予想している。

差の検定と相関係数

　私の勤務する農大の森林総合科学科では、1年次の実験実習で、基礎的な統計計算を毎年必修として行っている。その内容を統計の一例としてここであげてみよう。

　私がまず課題として取り上げるのは、差の検定（t検定）と相関係数の二つである。

　例えば、表3.2のようなデータが得られたとする。挿し木の実習を行って、発根促進ホルモンの処理の有無によって、その発根状況に差があるのか、統計的に有意に差があるのかを知りたい場合を考えてみよう。

　表をざっと見る限りでは、ホルモン処理をした挿し木の方が、発根量が多いようにみえる。けれども、これを統計学的な差の検定を行っていくと、「有意水準5％（$p < 0.05$　と表記する）で、ホルモン処理をした挿し木の発根量の方が多いと言える」ことが導き出される。この場合「有意水準5％」なんて、ずいぶんと小さな数字で、逆に95％は不確かなんだろうか、などのようにも受けとれるがそうではない。これは、統計的に不確かなところが5％未満であるということを示している。有意水準1％、0.1％であれば、さらにその確かさは高まっていくことになる。ここでは、筆算の数式を示さなかったが、現在はExcelをはじめ、便利な統計ソフトが何種類もある。数値を入力し、クリックするだけで、平均値、標準偏差はも

表 3.2　発根促進ホルモンの有無による挿し木の発根量（g）

発根促進ホルモン処理	発根促進ホルモン未処理（対照区）
12.4	8.2
7.4	7.9
8.9	6.4
8.8	11.1
9.8	7.6
7.2	5.3
10.5	6.6
7.6	8.0
9.4	9.1
7.4	6.6

表3.3　挿し木の活着率（％）と挿しつけの深さ（ｃm）の関係

挿しつけ区	活着率（%）	挿しつけの平均の深さ（cm）
A	95	6.5
B	84	5.4
C	83	5.3
D	43	3.4
E	91	6.1
F	85	5.5
G	30	2.9
H	35	3.3
I	87	5.5
J	90	5.6

とより、有意差も簡単に求められる。しかし、個人的には、昔ながらの筆算が最も好きで、しっくりくるところである。

　次に、相関係数である。相関係数とは、その名の通り、二者間の相関度をあらわす数字だ。

　ここでも例をあげると、たとえば挿し木の活着率と挿しつけ深さの関係を見てみよう。表3.3はその数値を示したもので、A区からJ区まで、それぞれ20本ずつの挿し木を行った結果である。活着率と挿しつけの深さは一見バラバラな印象があるが、これらの相互の数値からその相関を求めてみると相関係数 r = 0.985 となる。この数値は1に近づくほど、その相関が高いことを示す。つまり0.985という数値から、挿しつけ時の深さと活着率との間には高い相関があることが示される。深く挿しつけたことにより、挿し木苗がしっかりと挿し床に密着し、吸水や発根を容易にしたのだろう。

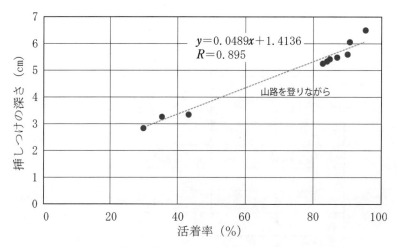

図3.16　挿し木の挿しつけの深さと活着率との関係

　これらを Excel を使ってグラフに示すと、図 3.16 のようになる。挿し木の挿しつけの深さと活着率との間には比例関係があり、高い相関があることがみてとれる。また、さらにワンクリックで、近似グラフを描くこともでき、y = ax + b の形式の数式を得ることも瞬時にできる。

造林学と数学

　造林学においても数学はよく使われる。樹高、直径の測定に始まる材積計算や、林分密度計算、間伐率の算出などである。しかしながら、工学分野などと比較すると、案外に数学、数式を使うことは少ない。ためしに、造林学の教科書と、林業工学、木材工学などの教科書を見くらべてみるとそのことがよくわかる。この理由は一体なぜなのだろう？私は造林学には、不確定でファジーな要素が多いからではと思っている。例えば、林地にあるまとまった数量の苗木を植栽しても、それらの全部が活着、生育するとは限らない。植栽する苗木そのもののポテンシャル、植栽時期やタイミング、植栽林地の土壌条件や気象条件、また林地における他の植物との競合、生物による食害や、病害虫によるダメージ、そして人の手による保育状況など、様々な要素が複雑に絡み合い 1 対 1 のような単純な予想、算出が困難なのである。しかしながら、これらの条件から、造林学はそれらの様々な要素の組み合わせと、確率的な数学を扱う学問であるともいえるだろう。

林学と数学のロマン

　以上、ここまで徒然なるままに森林と数学について記してきたが、現在は様々な統計数学、統計ソフトがある。山林の評価も、従来の毎年の生長量の算出などのようなものだけではなく「多様度指数」なども用いられるようになるかも知れない。多様度指数とは、その環境空間において、どの程度の多様性、バラエティがあるかを示す数字であり、幾つもの種類がある。「お宅の山林の生長量は現在〇〇㎥／年であり、植生の多様度指数は〇〇、棲息生物の多様度指数は〇〇です」というような表現、評価が今後なされるようになると、よりその山林の姿が浮き彫りになっていくことだろう。

　森林・林業において、数学は無数に存在している。また、その数学は極めて高度なものもあれば、極めて単純なものもあり、小学校の時の算数で習ったようなベーシックなものもある。例えば「集合」のようなものも十分に林業の施業や森林管理上、活用することができる。簡単な例をあげれば、スギ林、ヒノキ林、広葉樹二次林など、異なる林分の林床を調べ、それぞれ様々な植物種のリストをつくる。その時に、各林分での独自の種、スギ林とヒノキ林での共通種、3 つの林分の共通種などを、集合のベン図（図 3.17）を使うと、一目瞭然に把握をすることができる。このような単純な工夫であっても、いつも雑然としていた植生管理をより具体的な形で明示することができるのである。さらに、これは 3 林分だけではなく、理論上、数多くの林分を重ねていくこともできる。

さらに数学には「ラングランズプログラム」というこころみがある。これは異なる数学の各領域を統一しようというこころみのことである。これまでお互いに無関係にみえていた数学の各領域が、実はその根本にはやはり共通の基盤があり、それを見つけていこうとする挑戦である。これは、林学においても同様のことがいえるのではないだろうか。自然科学の一つの応用分野である林学は、さらに造林学、森林生態学、治山緑化工学、林業工学、林産化学、森林経営学、森林政策学などに分岐してきた。しかし、その

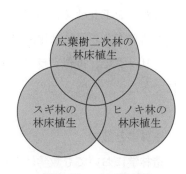

図 3.17　ベン図の例

基幹にはいくつかの共通の法則性があるかも知れない。また、一見無縁な純粋数学と林学の間にも、統一基盤、因子が発見されるかも知れない。これらは林学と数学との大きなロマンである。林学におけるラングランズプログラム、林学と数学とのラングランズプログラムにも取り組んでみたいと思っている。

数学の思い出

　私は下手の横好きで、数学が好きである。数学の雑誌を大学生協で毎月購入し、数学の講演会や公開セミナーにも出かけていく、隠れ数学ファンでもある。これには小学校から大学院に至るまで、よき数学の師に出会い続けてきたことも大きな理由となっている。そして、その先生方に共通することは、いずれも数学を教員としてだけではなく、個人的にも愛している先生方であったことが特徴的であった。

　例えばこんなことがあった。私が中学1年生（1977年）だった時の1学期のある理科の時間のこと（当時は「理科　第1分野」という名称であった。つくづく懐かしい）。古代ギリシャの学者が、ある地点間の日光の角度の差から地球の半径を求めたエピソードや、天体観測から1年間の日数を割り出し、ナイル川の氾濫を予測した古代エジプトの学者のエピソードなどを先生が説明され、最後に「このように理科、科学の疑問をめぐって、その問題を解くために数学が生まれ進歩した。いわば数学は理科から生まれたのだ」と付言をされたことがあった。

　そしてその理科の次の授業は、たまたま数学であった。中1の1学期であるから、ちょうど「式の計算」が学習単元であったと記憶している。数学の授業が始まり、練習問題を解く時間となった。その際、前の方に座っていたA君が「先生、さっき理科の〇〇先生が、数学は理科から生まれたと言っていましたよ。数学は理科の次なんですね」という趣旨の余計な一言を発言した。すると、くだんの数学の先生は、静かに黒板のチョークの手をとめ、「一体誰ですか、そんなことを言ったのは」と静かに尋ねられた。そして先生は、姿勢をあらためて正され「いいえ、私は決してそのようには思いません。人類にとって、数学は初めから数学でした。人類の歴史とともに数学はあります。むしろ理科、科学の方が後追いなのでは

ないでしょうか。」と静かに、しかし威厳をもって話された。40年以上経った今でも、その時の数学の先生の姿や言葉は忘れられない。数学教師としての矜持はもとより、数学を愛するその先生のプライドがわれわれ生徒には伝わった。しかし、残念なことにその先生のお名前は失念してしまった。「インネン」というあだ名しか、残念なことにおぼえていない。

　そして今から30年以上前の1988年の4月。私は教員になった。初任校は、長野県北部の農業高校である。授業担当は、林業科目のほか、測量、情報処理などである。かくして、自分の仕事としても、今度は数学に相対するようになったのである。

　そして、2006年、私は母校の農大に戻り、2014年からは「母室」である造林学研究室を継承した。その初めての卒業生を送り出す際、私は各自の卒論研究をすすめる上で導き出された近似式、不等式などの数式を一つずつ選び、全員の数式の入った卒業記念Tシャツを作った。ブログでそれを紹介したところ「素敵なこころみですね。生徒さんは幸せですね」というコメントもいただいた。しかしながら、Tシャツの仕上がりは思っていたものと異なり、はからずもダサいデザインとなってしまった。はからずも自分の数学レベルをそのまま表すTシャツになったとも言える。けれども、数学は高峰の人々のものだけでない。それは学問だけでなく、音楽、芸術、野球、スポーツなどでも同様である。草野球があるように「草数学」もある。これからも森林・樹木の様々な事象について、数学的なアプローチを試みていきたいと思っている。

（東京農業大学　造林学研究室　2015年）

写真3.12　各学生の卒論の数式の入ったTシャツを着ての記念写真

参考文献

⑴　上原　巌（2018）造林学フィールドノート。コロナ社。165頁

⑵　上原　巌（2018）森林樹木と数学。連載：サイエンス講座。現代林業　2018年4月号:42-49。全国林業改良普及協会。

⑶　上原　巌（2018）森林調査の数学的アプローチ。連載：サイエンス講座。現代林業　2018年5月号：54-62.全国林業改良普及協会。

（4）　上原　巌（2018）森林・樹木と数学　行列（マトリックス）連載：サイエンス講座。現代林業 2018年6月号：56-63。全国林業改良普及協会。

（5）　Iwao UEHARA(2018) Forest Practice and Mathematical Approaches. Abstracts of The Third International A3 Workshop for Mathematical and Life Science。

コラム　「森林研究あるある」　研究室よりもカフェの方が研究が進む？！

　家では勉強があまりできないけれど、図書館では勉強がある程度進む、という人は案外に多いのではないだろうか。受験勉強の時などは、自宅にこもっているよりも、図書館の自習室に出かけた経験がある人も数多いことだろう。

　研究でもそれは同様である。研究室にじっとこもって机・パソコンに向かいつつ、次から次へと良いアイディアが生まれるなどということはまずない。通勤の途中や、出張の移動中、また学食にいる時など、ふとひらめいたり、また専門書の読書に興が乗ったりする場合がある。これは「～しなければ」という一定の責務のある環境から、自由度の高い空間に移るために発生するちょっとした「転地効果」である。また、気分的にもプレッシャーが減衰するためであろう。数学者のポアンカレが、馬車に足をかけた瞬間に問題解法のヒントを得た逸話などは有名である。

　学生時代、私は図書館をよく利用した。図書館の窓から眺める風景は季節ごとにかわり、静逸で広い図書館の机上では、ことのほか、難解なドイツ語の文章の和訳などが進むことが多かった。

　けれども、私は現在あまり図書館を利用しない。図書館の代わりにカフェをよく使っている。全国にチェーン店のあるカフェの環境も申し分ないが、独自に経営をしているカフェの空間にも強い魅力を感じる。現在は、様々な個人経営のカフェがあり、全国で増えているのが、かつての民家をリフォームしたカフェや、木調のカフェである。たしかに古い木造建築を活用したカフェには落ち着ける雰囲気があり、時間の流れもゆったりしている。その雰囲気だけでBGMなども必要としない。東京だけでなく、故郷の信州をはじめ、全国各地、はたまた海外にも私にはお気に入りのカフェがある。

　しかしながら、カフェの方が研究が進む、考え事ができるということであれば、研究室は何のためにあるのか？そんなことも訊かれそうだ。もちろん研究室は、研究をするためにあり、研究を行う本来の場である。では、研究室において研究が進むのはどんな時だろう？あらためて考えてみると、私の場合は、それは早朝である。最近の学生は朝に弱いのか、早朝から来

私のお気に入りの民家リフォームのカフェ（世田谷）

る学生はまずいない。早朝は空気も静穏で、一人の時間と空間を楽しむことができる。または、早々に学生が帰り、研究室にやはり一人でいられる晩である。このようなひとときは至福のひとときであると言える。こう書いていくと、研究室の環境というよりは、一人の環境が良いようにも思えるが、そうとも言い切れない。奇声やけたたましい声などは持ってのほかだが、雑多でにぎやかな声の研究室の環境も私にとって好適である。つまり研究室の雰囲気が「カフェ化」している時とも言えるだろう。しかし、これは一定の緊張感や建前があってのことである。油断をしていると、ただただ駄弁って時間を浪費する場にもなりかねない。

心地よく、かつ創造性のあるカフェのような研究室の雰囲気も作れることができたらと思っている。

3.3　森林、樹木の病害虫

　森林、樹木も、われわれ人間同様に病むこと、病に臥せることがある。現在では、樹木医といった資格もある。しかし、樹木、森林は言葉を発しない。人間の患者のように、ものを言わないのである。その無言で体現する樹木の病気、森林の病気の病原を突き止め、その対策を講じることは、ちょっとした推理小説のような展開を示すこともある。実際、シャーロック・ホームズの推理のすすめ方と、樹病へのアプローチは共通することも多い。

　それでは、2007 年に見られた長野県軽井沢町でのコブシの落葉症状と長野市における松枯れ、長野県北部におけるナラ枯れの三つの事例を紹介したい。

長野県軽井沢町における 2007 年のコブシの落葉症状

　2007 年の梅雨期の前後より、長野県軽井沢町の市街地においてコブシ（*Magnolia kobus*）の葉色が変色し、落葉するという現象がみられた（写真 3.13 ～ 315）。まだ季節は夏だというのに、中には樹冠の 7 割以上の落葉がみられた個体もあったほどである。そこで軽井沢町役場から、樹病の特定とその対

写真 3.13　被害木の状況（軽井沢町軽井沢

写真 3.14　葉の変色状況（軽井沢町軽井沢高校：2007 年 7 月下旬撮影）

写真 3.15　環紋葉枯病の被害葉（2007 年 7 月下旬撮影）

表 3.4　被害木の判定指標

【樹勢】	
旺盛な成育状態を示し、被害が全く見られない	（0点）
幾分被害の影響を受けているが、あまり目立たない	（1点）
異常が明らかに認められる	（2点）
生育状態が劣悪で、回復の見込みがない	（3点）
枯死	（4点）
【樹形】	
自然樹形を保っている	（0点）
若干の乱れはあるが、自然樹形に近い	（1点）
自然樹形の崩壊がかなり進んでいる	（2点）
自然樹形が完全に崩壊され、奇形化している	（3点）
枯死または枯死寸前	（4点）
【葉色】	
正常	（1点）
やや異常	（1点）
かなり異常	（2点）
著しく異常	（3点）
【葉の壊死】	
なし	（0点）
わずかにある	（1点）
かなり多い	（2点）
著しく多い	（3点）

策の依頼を受けることとなった。私は特に被害の多かった軽井沢町の中心部を中心に、コブシの落葉状況を調べ、その落葉から病菌や害虫の検出を試みてみた。

　軽井沢町の中でも特に被害木の多かった軽井沢中部小学校周辺の長倉地区と、軽井沢高校周辺の国道 18 号線沿いの 2 箇所を調査点とし、両地点のコブシを 2007 年 7 月下旬に毎木調査し、その被害度を調べた。被害レベルは、林野庁の大気汚染による被害木の衰退指標を参考にし、表 3.4 に示すような内容で評価を行った。指標をちょっとみていただくとおわかりいただけるのだが、指標の尺度にはなかなか微妙なものがある。例えば、「かなり異常、著しく異常」「かなり多い、著しく多い」などの尺度はどこで線引きをするのかがよくわからず、いささか吹き出しそうにもなってしまうところだ。

　また、葉緑素計（コニカ・ミノルタ製ＳＰＡＤ－502）を使って、被害木の樹冠で 30 枚の通常の葉をランダムに選び、葉緑素（SPAD 値）を測定し、さらに土壌 pH の測定も行った。なぜ葉緑素を測定したかというと、揚力はその樹木の活力度、つまり健康度を示す一つ

表 3.5　2007 年 4 ～ 8 月の軽井沢町の気象条件

気象条件／月	4	5	6	7	8
日照時間(h)	173.6	173.6	173.6	173.6	173.6
降水量(mm)	37.5	114.5	111.5	190.5	50.0
平均気温(℃)	6.0	12.2	16.3	18.3	21.7
平均相対湿度(%)	74	70	84	92	84

の指標になるからである。

　また、被害の見られた月の軽井沢町の気象条件も調べてみた。気象条件は、その土地の樹木に作用する大きな自然因子であるからである。現在、気象庁による各地のデータはインターネット上で公開されており、自由に検索することができる。2007 年 4 月から 8 月までの軽井沢町の気象条件を表 3-3-2 および図 3.18 に示す。5 月をピークにして、6、7 月にかけて

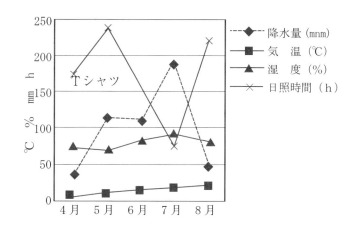

図 3.18　2007 年 4 ～ 8 月の軽井沢町の気象条件

表 3.6　軽井沢町における 4 ～ 8 月の平年気象データ

気象条件／月	4	5	6	7	8
日照時間(h)	185.0	192.3	124.7	134.3	158.6
降水量(mm)	84.0	101.8	166.4	185.5	162.1
平均気温(℃)	6.6	11.6	15.4	19.3	20.3
平均相対湿度(%)	70	74	84	86	86

日照時間の減少がみられ、6 月の日照時間は 5 月の 69%、7 月の日照時間は 5 月の 32% にまで落ち込んでいることが目につく。また、7 月には降水量も増加している。
　また、表 3.6 に軽井沢町の平年値(1971 ～ 2000 年)の 4 ～ 8 月のデータを示す。平年のデータと比べて、2007 年は特に 5 月、7 月の日照時間が低く、特に 7 月は平年の約 57% である。こうした日照時間の少なさが、変色、落葉をもたらした基本的な気象条件であるのでは、と

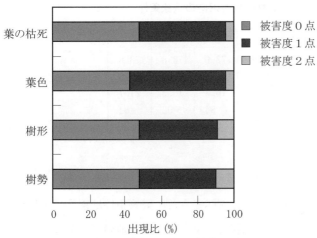

図 3.19　長倉地区における被害の状況

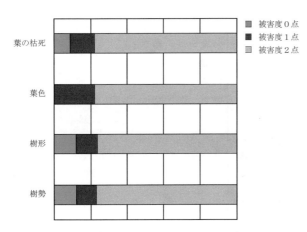

図 3.20　国道 18 号線沿いにおける被害の状況

まずは推察した。

では、実際の被害木の状況はそうだったのだろうか？軽井沢市街地（長倉地区、国道 18 号沿いの 2 箇所）における被害木の調査結果を図 3.19、図 3.20 に示す。長倉地区の調査木は、計 21 本。調査木の平均直径は 32.8 c m（± 19.4）、平均樹高は 10.4 m（± 2.5）、被害木の平均胸高直径は 32. 4（± 18.7）、平均樹高は 9.7 m（± 2.4）であった。前述した判定指標による被害度 1、2 点のものをあわせると、調査木の過半数に、葉の枯死、葉色、樹形、樹勢の変化などの被害が認められた。また、被害木の葉緑素（SPAD値）測定の結果は平均 41.4（± 3.8）、当地の土壌のｐH値は平均 5.9（± 0.08）であった。日本の森林土壌の平均値はおおむね 5.4 であることから、土壌自体には、異常値は認められなかった。

次に、国道 18 号沿いで、計 68 本を調査した。国道 18 号線は、長野から東京までをむすぶ幹線道路である。ここでの調査木の平均直径は 34.6 c m（± 16.1）、調査木の平均樹高は 10.4 m（± 2.5）であった。この幹線道路では、すべての調査木に何らかの被害が認められた。長倉地区と異なり、被害度 2 点の樹木が多く、約 8 割を占めていた。

また、被害木の葉緑素（SPAD値）測定の結果は、平均 34.7（± 7.0）、ｐH値は平均 5.9（± 0.08）で、葉緑素の量が長倉地区よりも少なく、病気の度合いが高いことが示唆された。

これらの被害には当然ながら、国道沿いの排気ガスなど、人為的な要因も加味されていることが推察される。特に国道 18 号線沿いは、主要幹線道路であることから交通量も最も多く、それらの条件がさらに樹勢を弱め、被害を増加させたことも推察される。

次に、被害木の樹冠から被害葉を直接採取し、実体顕微鏡、光学顕微鏡でそれぞれ観察し

た。その結果、病原菌とカイガラムシを同定すること
ができた。斑点落葉病の被害葉を写真3.16に、病原菌
（*Phyllosticta cookei Saccardo*）を写真3.17に、カイガラ
ムシを写真3.18に示す。

写真3.16　斑点落葉病の被害葉

（2007年8月初旬撮影）

　確認されたコブシの環紋葉枯病は、葉に発生し、病斑
は円形、灰褐色を呈し、明瞭な輪紋を生ずることが特徴
である。病斑は、浸水状に拡大することがあり、その場
合は、輪紋が不明瞭となる。病斑は大きいもので径3
cm程度であり、数個が融合して大型化することもある。
病斑裏面には白色で細長いピラミッド形をした特殊な分
生子を多数形成し、罹病葉は落葉しやすい。軽井沢のコ
ブシはこの症状によって落葉が目立ったのである。病菌
の伝染は、罹病落葉上に形成された菌核で越冬し、5〜
6月に子嚢盤を生じて、これから飛散した子嚢胞子が第
一次伝染源となることが報告されている。5〜6月に子
嚢盤を生じることは、今回の軽井沢における梅雨期気象
条件の罹病とも一致する。

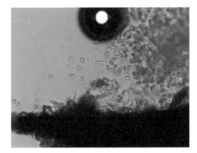

**写真3.17　斑点落葉病
菌（Phyllosticta）の写真**

　また、同時に確認されたコブシ斑点落葉病は、葉を侵
し、緑葉の表裏両面に微小な黒色小点を生じる病気であ
る。病原菌は糸状菌の一種で、不完全菌類に属し、分生
子を形成する。伝染は、その分生子が雨の飛沫とともに、
あるいは昆虫などの小動物の体に付着して伝播すること
が報告されている。これらのことから、梅雨期の葉上の
雨滴の飛沫によって、またはカイガラムシによって伝染
されていったことも推察できる。

写真3.18　カイガラムシの写真

実体顕微鏡：40倍

　カイガラムシは、カメムシ目に分類される昆虫の総称である。大半の被子植物に寄生し、
口吻を構成する口針を植物の組織に深く突き刺して、篩管液を摂取することから、植物の成
長に被害を及ぼす害虫であり、一般に介殻か卵のうの中で越冬し、4〜6月にかけて孵化す
る。孵化したばかりの幼虫は自由に動き回ることが可能で各所に分散する。この孵化の時期
と、コブシの樹勢の弱った時期がタイミング的に重なったことが、今回の大きな落葉症状を
招いたのではないだろうか。カイガラムシは、有機溶剤などを使った薬物防除のほかに、テ
ントウムシなどによる天敵防除法もあるが、その防除が時に難しいことも報告されている。

　以上、特にこの年の梅雨期の日照時間が少なかった気象要因により、環紋葉枯病や斑点落
葉病に罹患しやすい状況がまず作られたこと、次にその状況下で樹勢の弱くなった時期にカ

イガラムシの幼虫の孵化の時期が重なり、カイガラムシの寄生によって、その被害が大きく伝播、飛散したことなどが推察された。はじめは、長雨による樹木自体の病状かと思っていたが、実はカイガラムシという媒介者もいたのである。このように樹病は、街路樹などで発生することが多いが、その理由を突きとめていくことは、実に興味深いことである。

参考文献

⑴　気象庁（2007）気象統計情：過去の気象データ検索．http://www.data.jma.go.jp/obd/stats/etrn/index．

⑵　岸國平編集（1998）日本植物病害大事典．全国農村教育協会．東京．ｐｐ．1056 - 1057．

⑶　小林享夫、勝本謙、我孫子和雄、阿部恭久、柿島真編（1992）植物病原菌類図説．全国農村教育協会．東京．Pp360 - 361。

⑷　小林富士雄（1977）緑化樹樹木の病害虫（下）害虫とその駆除．日本林業技術協会．東京．ｐｐ59 - 60。

⑸　日本林学会「森林科学」編集委員会（2003）森をはかる．古今書院．東京．ｐｐ．68 - 71。

⑹　上原厳、宮坂裕美、矢口行雄、沼倉由香里、足達太郎（2008）
長野県軽井沢町における 2007 年のコブシの落葉症状について、中部森林研究 56：190 〜 193。

長野市周辺における松枯れ被害

　松枯れの被害は、2019 年現在、北海道を除く全国都府県にいまや及んでいる。1980 年代当初、寒冷地におけるマツノザイセンチュウの被害は少なく、北海道、青森県、長野県などの寒冷地方では、その被害がほとんど報告されていなかった。しかしながら、長野県においても、80 年代半ばより被害が広がってきている。これは、いわゆる温暖化によるものだろうか？そこで特に被害が急増してきている県北部の長野市周辺における松枯れ被害の特徴を調べてみることとなった。

　今回は、過去の長野県および長野市における松枯れの被害状況の統計資料をまず調べ、先のコブシの落葉病同様に、気象庁による同時期の気象データ、および国立環境研究所の大気汚染データを参照し、さらに長野県林務課および長野市役所森林整備課で聴き取り調査を行った。さらに、松枯れによる実際の被害木で、2009 年 9 月、10 月に伐倒された切り株の年輪から過去の成長解析を行い、過去のマツの成長の状態をこれらとあわせて考察してみた。なお、「松枯れ」とは、マツノマダラカミキリ (*Monochamus alternatus* HOPE) によっ

て媒介されるマツノザイセンチュウ（Bursaphelenchus xylophilus (STEINER et BUHRER) NICKLE）によって枯死に至るマツ材線虫病のことを指す。

長野市での松枯れの概要

　長野県内における松枯れ被害の概況を図3.21に示す。長野県内におけるマツノザイセンチュウによる被害は、1981年に県南部の山口村で初めて報告されている。その原因には、県外部から搬入されたマツ材の中にザイセンチュウの被害木がまぎれこんでいたことが推察されている。しかしながら、その翌年には、県北部の長野市、更埴市また県南部の南木曽町でも被害木が発見され、さらに2年後には、県東部の上田市などにも被害が拡大し、2002年には県内の被害市町村数は52に達した。2005年には、被害が県中部にもおよび2007年には松本市でも被害が報告されるようになった。松枯れによる被害材積も、1990年代前期より急激に増加し、1995年前後をピークにして、以降、毎年4〜5万㎥前後で推移をしてきている。

　次に、長野県の松くい虫防除対策予算額の推移を図3.22に示す。1981年当初、434万円の予算でスタートした防除事業は、増減を繰り返しながら、1994年のピーク額が9億8500万円に達した。しかしながら、その後、1998年には誘引器による防除が廃止、1999年には防除作業効率化支援が廃止され、2002年には慢性的激害地を駆除対象から除外、2003年からは保全する松林（高度公益、地区保全）および被害拡大防止松林のみが事業対象となり、松林巡視事業や激害地特別対策は廃止された。したがって、2002年までは、予算額と駆除材積には比

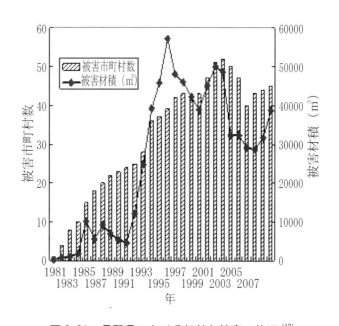

図 3.21　長野県における松枯れ被害の状況 [12]

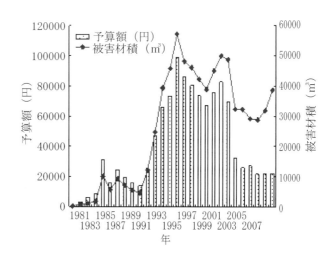

図 3.22　長野県における松くい虫防除対策予算額と駆除材積の推移 [12]

例関係がみられるが、2003年以降には予算額との乖離がみられ、このような状況下において、松枯れの被害対策はさらに困難な状況下にあるといえる。

現在の松枯れの防除対策事業としては、

①　伐倒駆除事業：マツノザイセンチュウが感染した被害木からマツノマダラカミキリの成虫が脱出する前に、その被害木を伐倒し、薬剤（臭化メチル剤）で燻蒸、または破砕等の処理を行う。

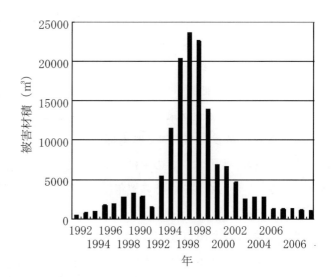

図3.23　長野市における松枯れの被害状況

②　特別防除事業：マツノマダラカミキリが脱出し、健全木に到達するまでにヘリコプターから薬剤を散布し、伐倒駆除から逃れたカミキリを殺虫することにより、ザイセンチュウの拡散を予防する

③　地上散布：重要なアカマツに単木ごとに地上から薬剤を散布し、マツノマダラカミキリを殺虫することによりアカマツを保全する

の3種類があるが、現在、長野市では、①伐倒駆除③地上散布の2つの事業がとられており、②の特別防除事業は行われていない。

次に、長野市の松枯れ被害の状況を図3.23に示す。長野市では1982年に初めて松枯れの被害が市南部の川中島地域で報告された。1992年頃からその被害は増加し、1994年にピークの23,566㎥に達し、その被害材積は、県全体の被害量の約52％を占めた。現在、長野市では、市内に9箇所の対策強化地域を設け、上記の2つの事業が実施されている。

次に、長野市の松枯れの被害の各要因について、気温、降水量、長野オリンピックのインフラ整備、またそれに伴う大気の変化などの要因からの考察してみよう。

①　気温と松枯れ被害の関係

長野市における松枯れ状況と気温との関係について、市の平均気温の変化と松枯れの関係を統計的に調べてみたが、両数値の関係に相関は認められず（r = 0.08）、また、最高気温（r = 0.15）、最低気温(r = 0.08)、日較差（r = 0.08）などについても、相関は認められなかった。

一般にマツノマダラカミキリは、6月から7月頃に、マツの若い枝の樹皮を食害し、その際にマツノザイセンチュウを媒介することが知られている。また、マツノザイセン

チュウの繁殖には、その後の気温が大事なファクターとなり、25℃以上の温度条件で繁殖が促進され、18 〜 15℃ 以下の条件では、逆に抑制されることが報告されている。そこで、マツノザイセンチュウの繁殖がポイントとなる 25℃ 以上の気温という観点に着目し、長野市では平均気温が 20 度以上となる 7、8 月の夏期の気温との関係についても調べてみた。しかし、ここでも気温と被害材積との間にも相関は認められなかった（ r = 0.06）。

表 3.7　長野オリンピック開催前のインフラ整備状況

1987	長野高速道着工
1989	国内候補地として決定
1991	長野新幹線着工（長野—軽井沢間）
	オリンピック開催決定
1992	ボブスレー会場着工
1993	浅川ループ橋，エムウェーブ，ホワイトリンク着工
	長野高速道（須坂東—豊科）開通
1995	アクアウィング着工，ホワイトリンク完成
1996	エムウェーブ完成
1997	長野新幹線開通
	アクアウィング，ボブスレー会場，浅川ループ橋完成
1998	長野オリンピック開催

② 降水量と松枯れの関係

　夏の高温と乾燥時に、松枯れの被害が増加することがこれまでに報告されている。そこで、年間降水量、また 7、8 月の夏期の降水量と松枯れ被害材積との関係についても統計計算を行ってみたが、両者間には相関関係は認められなかった（年間降水量では r = 0.03、7、8 月では r = 0.04）。

③ 長野オリンピック開催前のインフラ整備状況

　長野市は 1998 年に冬季オリンピックが開催された地方都市である。そこで次には、オリンピックとの関係も考えてみることにした。長野オリンピック開催に伴うインフラ整備状況と開催までの経緯を表 3.7 に示す。長野オリンピック、パラリンピックともに私もボランティアとして参加し、とても思い出深い大きなイベントであったが、どのような環境改変があったのだろうか？

　1987 年に長野高速道の工事が着工され、また、長野新幹線の建設工事は 1989 年に着工されている。1991 年に長野オリンピックの開催が決定した後、翌 1992 年より次々とオリンピック会場の各施設の建設が始まり、それに伴う幹線道路の

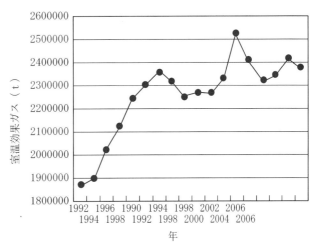

図 3.24　長野市における温室効果ガス排出量の変化

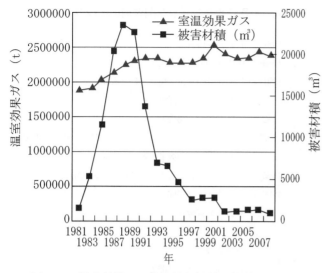

図 3.25　温室効果ガス排出量と松枯れ材積の関係

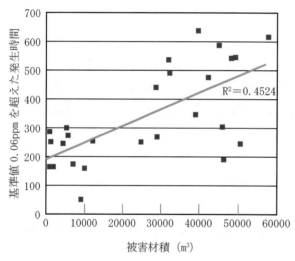

図 3.26 光化学オキシダントの基準値 0.06ppm を超えた発生時間と被害材積（㎥）の関係

整備や、工事・作業道路の建設も並行して行われ、県外からの建築材料の搬入も大量に行われるようになった。その建築材料の中にマツノザイセンチュウの被害木が混在していた可能性も推察される。

④　大気関係のデータについて

　前述のインフラ整備の状況をふまえ、整備期間の大気関係のデータについて次に着目してみた。まずは、長野市域の温室効果ガスの排出量が増加したことが上げられる。温室効果ガスの排出量については、長野市が独自に設定した、建設業、製造業、運輸、自家用車、廃棄物などからの排出ガスを二酸化炭素量に換算したデータがあり[(10)]、その数値の変化を図 3.24 に示す。

　オリンピック開催決定の翌年の 1992 年よりその排出量は急激に増え、1996 年に 235 万トン以上の数値に至っている。1996 年以降は、240 万トン前後の数字で推移し、90 年代初めよりも 50 万トン前後の増加がみられている。

　次に、温室効果ガス排出量と松枯れの被害材積の関係を図 3.25 に示す。

　一見すると、1990 年から 2007 年までの温室効果ガス排出量と被害材積との間には相関はみられない。（ r = 0.03）。しかし、1990 年より温室効果ガス排出量が最初のピークを迎えた 1996 年までの 6 年間について特に着目してみると、この期間における両数値にはある程度の相関がみられる（ r = 0.63）。しかしながら、新幹線をはじめ、各施設が完成した 97 年以降はその値は 0.3 以下に減少した。

　さらに、国立環境研究所の報告している、過去の環境大気汚染データについて、窒素酸化物（ＮＯx）、硫黄酸化物（ＳＯx）、浮遊粒子状物質、浮遊粉塵、光化学オキシダントなどについて、被害材積との関係を調べてみた。けれども、それらの変化と被害材

写真 3.19　松枯れ調査地　(長野市地附山)

写真 3.20　年輪解析サンプル

積の相関はいずれも 0.03 以下の値であった。しかしながら、その中の光化学オキシダントについては、基準値として定められている 0.06ppm を超えた発生時間の経年変化だけに着目してみると、r = 0.45 の若干の相関が被害材積との関係にみられた（図 3.26）。光化学オキシダントは、オゾンの光化学反応により生成される酸化性物質で、いわゆる光化学スモッグの

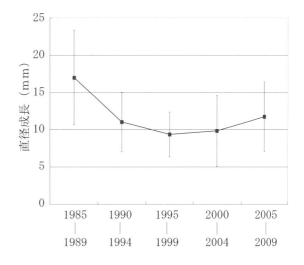

図 3.27　地附山被害木の年輪成長

原因となり、人間では粘膜への刺激、呼吸器への影響を及ぼし、農作物などの植物への影響も報告されている物質である．この光化学オキシダントに代表されるような樹木にとって有害な大気汚染物質の基準値以上の濃度での放出時間の延長により、マツの樹勢が弱められていた可能性もやや示唆されるところである。また、現在長野市が松枯れ強化対策地として設定されている地区は、オリンピックのインフラ整備に関与した場所が多く、整備に伴った環境改変と同時に、大気の変化も影響を及ぼしていた可能性も考えられた。

⑤　被害木の切り株の成長解析

　被害木の過去の成長状況を実地に考察するために、松枯れ強化対策地の一つである長野市地附山の被害地で、2009 年 9 月、10 月に伐倒された被害木の切り株の直径成長を測定し、年輪の成長解析を行った（写真 3.19, 図 3.20）。供試木は、標高 550 m付近の 4 箇所の伐倒プロットで、各 4 本ずつ測定した。その供試木の直径成長を 5 年ずつまとめた解析結果の平均値を図 3.27 示す。

　90 年代前半に成長の落ち込みがみられ、2000 年以降には上昇がみられている。いず

れの区も過去 30 年以上間伐などの手入れは特に行われていないことから、樹冠の閉鎖や林分密度による影響が一般的に考えられるものの、90 年代前半頃に特に樹勢を弱める何らかの環境要因が働いていた可能性も考えられる。

　また、長野市郊外のアカマツ林には，放置され、適切な間伐などがほとんど行われていない林分が多い。こうしたマツ林の管理状況も土壌の富栄養化を招き、マツの菌根の活力を鈍らせているとする報告もあることから、人的な管理不足もまた松枯れの被害の要因の一つになっていることが考えられた。

以上のことから、地方都市の長野市を対象地として、その松枯れ被害を考察したが、気象要因、長野オリンピックによるインフラ整備、またそのインフラ整備に伴う環境の改変、大気の変化、そして放置されたままのマツ林の管理状況などの各要因が複合的に影響を及ぼしていたことが推察された。このような松枯れの地域は各地域で増えることが予想されるが、今後は、さらに定期的な小面積でのマツ林の観測を行い、代謝・生理などのより多角的な松枯れ被害の状況を把握すると共に、その予防および処理手法についても引き続き検討を行っていきたい。

参考文献

⑴　陳野好之・滝沢幸雄・佐藤平典（1987）寒冷・高地地方におけるマツ材線虫病の特徴と防除法、林業科学技術研究所　東京

⑵　福田健二（2004）松くい虫被害：鈴木和夫編：森林保護学、174 － 181

⑶　環境省（2009）環境省大気汚染物質広域監視システム、環境省ＨＰ：http://www.soramame.taiki. go.jp

⑷　岸　洋一（1997）誤りやすい樹木衰退・枯損の原因．ツリードクター　Ｎｏ．５：9 － 12

⑸　気象庁（2009）過去の気象データ検索：気象庁ＨＰ：http://www.jma.go.jp/

⑹　小林富士男・中原二郎（1982）松枯れを防ぐ．山と渓谷社、東京

⑺　小林富士男（1984）森にすむ小さな敵．ＰＨＰ研究所、京都

⑻　国立環境研究所（2009）大気環境月間値・年間値データの閲覧：国立環境研究所ＨＰ：http://www. nies.go.jp/

⑼　真宮靖治（1985）林の線虫による被害：四手井綱英編：森林保護学、131 － 133．朝倉書店、東京

⑽　長野市環境公害対策課（2008）長野地域の温室効果ガス排出量。長野市環境公害対策課資料

⑾　長野市環境公害対策課（2009）長野地区における松くい虫被害の発生状況について。長野市環境公害対策課資料

⑿　長野県林務課（2009）松くい虫防除対策予算措置及び事業実施の経過。長野県林務課資料

⒀　鈴木和夫（1997）マツ類材線虫病の萎凋枯死の仕組み。ツリードクター　No. ５：4-8

⒁　上原巌（2010）長野市周辺における松枯れ被害の特徴。関東森林研究61：195 ～ 198.

長野県北部におけるナラ枯れ被害

次にナラ枯れについてである。みなさんは「ナラ枯れ」という言葉を聞いたことはあるだろうか。ナラ枯れは主にカシノナガキクイムシという昆虫によって伝播され拡大している。

カシノナガキクイムシ（*Platypus quercivorus*、通称カシノガ）は、2004 年に森林病害虫等防除法における法定害虫として指定された、コウチュウ目ナガキクイムシ科の昆虫である。カシノナガキクイムシは、ナラ類やシイ類などの樹木に穿孔して、雌が背中にある菌囊（マイカンギア）に入った糸状菌（*Raffaelea Quercivora*）を媒介し、その糸状菌が樹木組織を侵し、菌の繁殖が拡大した樹木では、樹液の流動が困難になり、枯死に至るというメカニズムも明らかにされてきている。

2007 年までにカシノナガキクムシの媒介によるナラ枯れが 23 府県で報告されており、日本海側の地域で主に被害が拡大し、2005 年には実損面積で 2000ha 近くに達したことも報告された。

北信越地域では、新潟県上越市で 1991 年より被害が報告されており、石川県では 1997 年、富山県では 2002 年長野県では 2004 年に初めてカシノナガキクムシの被害が報告されている。

2004 年に長野県で初めてカシノナガキクイムシの発生が報告されてから、2007 年までではその被害本数は 6 倍以上に増加してきており、同県で初めてカシノナガキクイムシが報告されたのは長野県北部、奥信濃地域の飯山市と信濃町で、現在でも同県におけるカシノナガキクイムシ被害の 9 割以上が長野県北部の奥信濃地域に集中している。

そこで、特に大きな被害が報告されている奥信濃地域の飯山市、野沢温泉村、信濃町の 3 市町村を調査対象地として、同地域におけるカシノナガキクムシの被害状況の特徴を調べてみた。

まず、ここまでのコブシの落葉病、松枯れの調査の時と同様に、近年の気温、降水量のデータを調べてみた。次に、特に被害の目立つ林分の標高、その林分の状況、立木密度、林層、下層植生、被害木の樹高、胸高直径、根元直径、照度、土壌pH、含水率、C/ N比などを調査した。調査は、被害を受けた葉色の変化の判断に好適とされている 9 月中旬（2008年）に行った。飯山市、野沢温泉、信濃町におけるそれぞれの調査対象地では、特に被害が多く発生している箇所を選び、飯山市は柄山地区の「森の家」

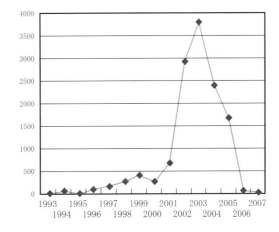

図 3.28　新潟県新井市におけるカシノナガキクムシの被害木本数の変化

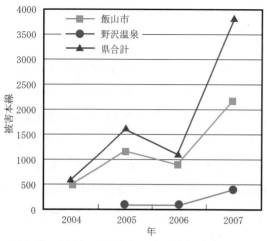

図 3.29　2004 ～ 2007 年における飯山市、野沢温泉、長野県におけるカシノナガキクイムシの被害本数の変化

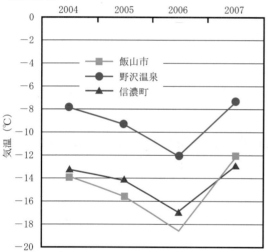

図 3.30　2004 ～ 2007 年における飯山市、野沢温泉村、信濃町の最低気温の変化

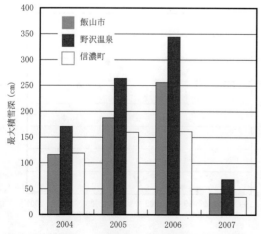

図 3.31　2004 ～ 2007 年における飯山市、野沢温泉村、信濃町の最大積雪深の変化

周辺、野沢温泉は、古峰山ハイキングコース周辺、信濃町は、野尻湖畔の寺ケ崎周辺のエリアにそれぞれ 20 m × 20m の調査プロットを 2 つずつ設置した。

　飯山市に隣接する新潟県新井市（現上越市）では 1993 年よりカシノナガキクイムシの被害が報告されている[2]。新井市における 1993 年～ 2007 年までのカシノナガキクムシによる被害木の本数を図 3.28 に示す。

　1993 年～ 2001 年頃までは被害は緩やかに増加する傾向であったが、2002、2003 年にはその急激に被害本数が増え、その後 2006 年頃からは急に減少し、沈静化している。この理由について、降水量、積雪量、気温、日照時間のデータなどを照合して考察をしてみたが、特に気象条件との相関関係は認められなかった。

　一方、新井市に隣接する飯山市では、2004 年よりカシノナガキクイムシの被害が、新井市に程近い標高 200 m前後の富倉地区で報告されている。このため、飯山市におけるカシノナガキクイムシの被害は、新井市より伝播してきたものであることが推察された。

　次に、2004 年～ 2007 年における飯山市、野沢温泉、長野県全域におけるカシノナガキクムシの被害本数の変化を図 3.29 に、飯山市、野沢温泉、信濃町における最低気温の変化を図 3.30、最大積雪深を図 3.31 に示す。

　2005 年から 2006 年にかけて被害本数の減少がみられるが、この年の飯山市の気象

条件をみると、最低気温の低下（飯山市－18.6℃、野沢温泉－12.1℃）と、降雪量、最大積雪深の増加がみられている。また、2006年から2007年にかけては被害の増加がみられるが、最低気温の上昇（飯山市－12.2℃、野沢温泉－7.4℃）と、降雪量、最大積雪深の急減もみられた。これらのことから、カシノナガキクイムシの越冬には、最低気温と積雪が被害木に与える影響が関与している可能性も考えられる。

　カシノナガキクイムシの被害の伝播方向としては、飯山市では、富倉峠、黒岩山、戸狩、柄山、西大滝と北東方向に年々移動をしている。2008年現在では、特に千曲川沿いの南向きの斜面のミズナラ林に被害木が数多く見られ、千曲川沿いの尾根や、戸狩スキー場周辺などでは、ベルト状に連なる被害地も数多くみられる。また、被害の最初の発生地であった富倉地区ではすでにその被害は沈静化している。

　また、野沢温泉村では、2005年に初めての被害が報告されて以来、村役場周辺、また飯山市と千曲川をはさんだ東大滝地区に被害木が多い。

　信濃町では、飯山市との境にある斑尾方面の北東～東向きの斜面で2004年に初めて被害木が報告されたが、同地区の被害は現在沈静化している。カシノナガキクイムシの被害には、沈静化と拡大化の2パターンが報告されており、被害木の位置する斜面の方角、日当たりも影響している可能性がある。信濃町では、2008年現在は野尻湖畔周辺に被害木が多い。

　次に各調査プロットでの調査結果を示す。

①　飯山市柄山地区「森の家」周辺（標高500m）

　「森の家」周辺の森林は、干害防備保安林、保健保安林に指定されている。同地区での調査結果であるが、被害木（枯死木）の平均根元直径は40.2cm（±10.2）、平均DBH32.4cm（±7.5）、平均樹高11.2m（±1.8）、被害木（穿孔木）の平均根元直径は44cm（±13.5）、平均DBH33cm（±13.2）、平均樹高11.4m（±2.4）、無被害木の平均根元直径は33.5cm（±12.2）、平均DBH26.4cm（±7.8）、樹高9.6m（±2.4）と、無被害木は被害木と比べて直径、樹高ともに若齢で小径木であった。また、林床の相対照度は、被害木周辺では7.2%（±1.4）、無被害木周辺では6.6%（±1.2）であった。

　林分の低木層としては、リョウブ、ヤマウルシ、コシアブラ、ヤブツバキ、イヌツゲ、ホオノキ、クロモジ、ツノハシバミ、ウリハダカエデ、エンジュ、アズキナシ、ウツギ、ムラサキシキブ、スギ、カラマツ、ミズナラ、ハウチワカエデなどがみられ、いずれも樹高は2m前後であった。

　また、調査地は平坦な地形であり、土壌は粘土質の土壌で、平均土壌含水率は、49.4（±3.9）%と高く、平均C/N比は17（±0.8）、Cは平均12.6(±1.2)%、Nは平均0.7(±0.1)%、平均pHは、4.2（±0.2）であった。

②　野沢温泉村古峰山ハイキングコース周辺（標高530m）

　同地区での調査結果は、被害木（枯死木）の平均根元直径68.8cm（±15.2）、平均DBH63.2cm（±15.6）、平均樹高21.2m（±1.2）、被害木（穿孔木）では平均根元直径49.2cm（±

写真 3.21　野沢温泉村内での最高点（標高 900 m 地点）での被害木の状況：土砂崩落地周縁部に発生している。

（2008 年 9 月　野沢温泉村上ノ平）

14.0）、平均 DBH38.6cm（± 9.5）、平均樹高 16.7m（± 3.4）、無被害木は平均根元直径 27.cm(± 15.6)、平均 DBH　22.5cm（± 15.2）、平均樹高 9.1 m（± 3.4）と、上記の飯山市の調査プロット同様に、無被害木は被害木と比べて若齢で、小径木であった。枯死木の平均根元直径が大であるが、これは斜面地であることと、多雪による根曲がりのためである。また、林床の相対照度は、被害木周辺で 5.7%（± 2.8）、無被害木周辺で 2.8%（± 1.2）であった。被害木は南〜南西向きの斜面で多くみられた。

　林分の低木層としては、タムシバ、ガマズミ、ヤマボウシ、コシアブラ、ヤマウルシ、ムラサキシキブ、クロモジ、リョウブなどがみられ、樹高は 2 〜 4 m 前後であった。

　調査地は平均斜度 25 度前後の南向きの斜面であり、平均土壌含水率は 31.2%（± 7.2）、平均 C ／ N 比は 14.5（± 0.2）、C は平均 9.1%（± 2.4）、N は平均 0.6%（± 0.2）で、平均 pH は 4.2（± 0.1）であった。

　また、野沢温泉村での被害木の最高標高地点は上ノ平地区の標高約 900m の林道沿い、土砂崩れによる崩落跡地の南西向きの斜面上の地点であった (写真 3.21)。被害木の根元直径は 40cm、DBH32cm、樹高 11.5m であった。また、斜面は平均 28 度前後の斜度であり、同地点の土壌は粘土質の土壌で、含水率 41.6%、C ／ N 比 15、C は 2.8%、N は 0.2%、p H 4.9、林床の相対照度は 24% であった。被害木の周囲には同程度の樹高のブナが多く見られた。

③　信濃町　野尻湖畔寺ケ崎地区周辺（標高 660 m）

　同地区における調査結果であるが、被害木（枯死木）の平均根元直径 49.8cm（± 11.6）、平均 DBH36.5cm（± 7.6）、平均樹高 20m（± 1.8）、被害木（穿孔木）の平均根元直径は 49.1cm（± 13.2）、平均 DBH35.5cm（± 9.4）、平均樹高 17.5 m（± 1.2）、無被害木は平均根元直径 30.5cm（± 8.9）、平均 DBH16.2cm（± 6.2）であった。

　林床の相対照度は、被害木周辺で 9.4%（± 3.8）、無被害木周辺で 8.1%（± 3.5）と、今回の 3 市町村における調査区の中では最も照度が高かった。被害木は西向きの斜面で多くみられた。

　低木層としては、ユズリハ、カヤ、イヌツゲ、コシアブラ、ヤマウルシ、リョウブ、ムラサキシキブなどがみられたが、いずれも樹高 1 m 以下であった。

　調査地は西向きの斜度 5 ％前後の緩斜面であり、土壌含水率は 45.6% と高く、C ／ N 比 15.9、C は 11.6%、N は 0.7%、pH は 5.4 であった。

写真 3.22　多雪による根曲がり部にみられるカシノナガ
キクイムシの穿孔痕。樹液の涙のようにみえる。
(2008 年 9 月　野沢温泉村古峰山ハイキングコース)

　これらの調査の飯山市、野沢温泉村、信濃町における三つの調査対象地における被害木の
状況の共通点としては次のようなことが上げられた。
- 　いずれも日本有数の多雪地帯であること。
- 　夏期には多湿の林分となること。(2008 年夏に、飯山市「森の家」周辺ではナメクジ
  が数多く発生している)
- 　被害木は高齢の大径木であり、根元直径が大きいこと。多雪地帯特有の圧雪による根
  曲がりによって大きな根元直径を有するものも数多くみられること。
- 　被害木は南を中心とし、南西〜南東向きの斜面にそのほとんどが集中していること。
- 　場所では、尾根部、林道沿い、散策道脇をはじめ、スキー場、伐採地、崩落地との林
  縁など、日当たりの良い場所が多いこと。
- 　千曲川沿い、あるいは野尻湖畔など、水辺の環境付近で、常風、水面の反射のある箇
  所に被害が発生していること。
- 　降雪、積雪量の少なかった冬の翌春に被害が増加していること。

　これまでの報告で、カシノナガキクイムシは、樹齢の高い大径木に穿孔し、乾燥しにくく、
含水率の高い根元部分で繁殖しやすいことが報告されている。今回の調査でも同様に大径木
の被害木が主であり、特に圧雪によって生じる根曲がり（写真 3.22）は根元直径を大きくし、
カシノナガキクイムシの繁殖に好適な条件を提供しているとも考えられる。
　カシノナガキクイムシの媒介する糸状菌類は、酵母菌同様に水分要求度が高いことが報告
されている。カシノナガキクイムシ 3 市町村の森林はいずれも湿度が高いことから（調査時
の湿度はいずれも 82 〜 91％と高湿度であった）、糸状菌の繁殖の促進にも好適であること

が推察された。また、前述した冬季の最低気温の上昇や、積雪の減少がカシノナガキクイムシの越冬を促進したことも仮説として推察された。

　カシノナガキクイムシは6月に健全なナラ木に飛来、穿入し、日照、気温に強い影響を受け、8〜9月に集合フェロモンによって集中的に穿入することが報告されている。そのため、2004〜2007年の3市町村における日照時間の変化や平均気温データなどを照合して考察してみたが、特に相関はみられなかった。また、気象要因としては、高温小雨で枯死被害量が多く、低温多雨で被害量は少なくなることも報告されているが、3市町村の気象データからはこの点においても特に相関は認められなかった。

　被害木の標高では、飯山市西大滝地区の標高約250m付近から、野沢温泉上ノ平地区の標高約900mの地点まで被害木が認められたが、特に発生が著しかったのは、標高500m前後であった。また、被害木の周辺木ではスギの植林地が多かった。

　カシノナガキクイムシの被害を軽減させる対応策としては、被害木（枯死木）の搬出・利用をはじめ、樹幹への薬剤の塗布や、根元への薬剤注入、25年前後での伐採サイクルで萌芽更新を保っていくことなどがあげられている。また、媒介害虫のカシノナガキクイムシを減少させることと、カシノナガキクイムシの被害を受けることが予想される林分の状態をあらかじめ把握しておくことが予防策の一助になると思われる。

　カシノナガキクムシの生態をはじめ、被害の伝播条件などについても依然として不明な点が多い。今後は、被害木であるミズナラをはじめとしたナラ類、シイ類の樹木生理と、カシノナガキクムシ、糸状菌の最適環境条件、そして林業施業の3つの側面からアプローチを行い、その被害の緩和につとめていきたいと思っている。

参考文献

(1)　江崎功二郎（2007）2006年豪雪はナラ集団枯損被害減少の原因となったか？。第118回日本森林学会学術講演集（ＣＤ−Ｒ）

(2)　上越農林振興部森林林業部門（2008）カシノナガキクイムシ被害量推移

(3)　気象庁（2008）気象統計情報
http://www.jma.go.jp/jma/menu/report.html

(4)　黒田慶子ら（2008）ナラ枯れと里山の健康。全国林業改良普及協会、東京、166p。

(5)　長野県北信地方事務所林務課(2007)カシノナガキクイムシ被害について

(6)　岡田充弘ら（2006）長野県におけるカシノナガキクムシによるナラ枯損病害。第118回日本森林学会学術講演集（ＣＤ−Ｒ）

(7)　信濃毎日新聞　2007年10月3日朝刊

(8)　信濃毎日新聞　2008年9月10日朝刊

(9)　森林総合研究所関西支所（2007）ナラ枯れの被害をどう減らすか−里山林を守るために−。

(10)　上原巌（2009）奥信濃地域におけるカシノナガキクイムシの被害状況、中部森林研究57：283-286。

━━━━━━ コラム　「森林研究あるある」　お茶 ━━━━━━

　私はお茶が好きである。日本茶も紅茶もハーブティーも好きだ。日本茶では特にほうじ茶を好んで飲んでいる。

　信州では、来客にお茶を出す際、相手が一杯お茶を飲み干したら、またすかさずお茶を入れる。常に客人のお茶碗にお茶が満たされているように気を配るのだ。この風習は昔からあったらしく、江戸時代に越後のお坊さんが信州を訪ねた際に書いた「信州七不思議」にもこの信州人のお茶好きのことが書かれている。

研究室でのお茶

　研究室でお茶を飲む際、私は学生にも同時にお茶をいれることが多い。しかし、昨今の学生は実にドライである。「ありがとうございます。いただきます」と御礼が言える学生もいるが、中には、「あ、そこに置いておいてください」と答える豪の者もいる。いや、これは豪と言えないか。「先生にお茶をいれていただくなんて、あいすみません！」などという学生は今や絶滅危惧種なのである。

　しかし、このお茶をいれるという何気ないことであても、その人なりの気の利かせ方、大げさに言えば、創造性もあらわれると私は思っている。「お茶をいれればいいんでしょ」という半強制的なルーティンワークではなく、相手の状況をみて、お茶を入れるという気の利かせ方、機微こそが重要なのである。お茶をいれることには、そうした鋭敏な感覚と共に、率先力や行動力も必要とされる。職場の新人で、あなたはお茶を飲みますかと訊ねた際、「へ、お茶？ああ、あれば飲みまっす」などと答える人もいるかも知れないが、そうした自分からは行動しないという姿勢は万事にあらわれる。特に研究者の場合は、そうした姿勢は研究面で先んじることがない。そのような人は、文字通り、お茶を濁して過ごしながら日々過ごすことが多いのではないだろうか。「お茶を入れようと思っても、先生がいつも先にいれちゃうんで」という言い訳も論外である。また、いざお茶をいれてみても、その相手はいつの間にか帰ってしまったり、飲まれずに報われない場合もあったりする。それでも、あえてお茶をいれるか？そこに人間性、チャレンジ精神、創造性などのすべてがあらわれる。

　お茶は社会の森羅万象の鏡である。

3.4　台風による風倒木の調査

　日本列島は、古来より様々な自然災害に見舞われてきた。最近では、阪神淡路大震災、東日本大震災をはじめ、木曽御嶽山の噴火などもあり、また台風や豪雨、連続降雨などによる洪水災害などは毎年のように報告されてきている。その豪雨災害の場合、その水害の発生源

**写真3.23　台風9号による倒木被害（別荘地の
　　　　カラマツの倒木状況）**

は、スギ、ヒノキなどの戦後の拡大造林によってつくられた人工林が多いことも特徴である。しかし、ここで付言したいことは、スギ、ヒノキ林がはじめから悪いわけではなく、あくまでもその樹種選定や、植栽後の保育管理の良し悪しによって、水害、災害の発生率が左右されるということである。

　2007年の秋9月。日本列島を台風9号が通過した。長野県軽井沢町では死者も出たほか、町内では山間部、別荘地などを含め、約1万本前後の風倒木被害が出た。町内の国有林では風倒被害木4810本、材積換算1542㎥に及ぶ被害が報告され、樹種別では、カラマツ、アカマツ、ドイツトウヒ、ストローブマツの被害が主に報告されている[3]。また、この台風9号の同町内の被害の特徴は、大面積に一様に被害をもたらしたのではなく、局所的に発生をしたことでもあった。そこで、軽井沢町内でも特に被害の大きかった追分地区石尊山入口周辺の国有林での風倒被害を調べ、その状況の特徴を考察してみた。

調査の方法

　調査を行った場所は、軽井沢町追分地区石尊山登山道と1000m林道の交差付近（浅間山国有林2070い・ろ林小班）である。同林分は水源涵養保安林に指定されており、植栽樹種はアカマツ、カラマツ、ストローブマツの3樹種で、林齢はいずれも45年生前後であり、台風被害前の林分立木密度は、3樹種合わせて1500本/ha前後であった。調査は、倒木状況の特徴について、同地区に40m×40mの調査プロットを2箇所設定し、倒木の樹種、倒木方向、倒木の樹高、胸高直径、根元直径、根の深さ、根系の直径などについて調査を行った。また、参考として、土壌調査（土壌断面調査、含水率、pH、C/N比など）も行った。

現地調査の結果

　風倒被害を受けたアカマツ、カラマツ、ストローブマツの3樹種の樹高、胸高直径、根元直径、根系直径、根系面積（根系直径から算出）、根の深さ、樹高／根系直径、樹高／根の深さのそれぞれ平均値を表3.8に示す。3樹種の立木密度は、それぞれha当たりで、アカマツ約450本、ストローブマツ約500本、カラマツ約420本であった。調査プロット内の被害（倒木）率は、アカマツで約86％、ストローブマツは92％、カラマツは100％であった。

　さて、ここで倒伏した被害木を一つ一つじっくり眺めてみる。いずれも根系の平均直径は、1.2～1.6m前後であり、地中の根の平均深長はなんと0.6m前後であった。このことからも

表3.8　3樹種の風倒木の調査結果

	アカマツ	カラマツ	ストローブマツ
平均樹高（m）	17.4 （±2.2）	15.6 （±1.8）	16.1 （±2.6）
平均DBH（m）	0.21 （±0.04）	0.20 （±0.03）	0.24 （±0.06）
平均根元直径（m）	0.24 （±0.05）	0.22 （±0.03）	0.28 （±0.08）
平均根系直径（m）	1.24 （±0.43）	1.62 （±0.52）	1.36 （±0.36）
平均根系面積（㎡）	1.54 （±1.26）	2.28 （±1.64）	1.55 （±0.77）
根の平均深（m）	0.57 （±0.12）	0.60 （±0.08）	0.66 （±0.22）
樹高 / 根系直径の平均	14.8 （±4.4）	10.2 （±2.0）	12.4 （±3.0）
樹高 / 根の深さの平均	31.6 （±6.6）	26.3 （±4.2）	26.6 （±8.2）

※（　）内の数字は標準偏差

わかるように、被害3樹種の根系直径は樹高の1/10 〜 1/14の比率であり、根の深さにいたっては、樹高の1/26 〜 1/31の比率の深さまでしか土中に達していないことが改めてわかった。また一般にマツの根と言えば、直根が発達すると云われているが、倒伏した樹木の根はいずれも円盤状の形状であった（写真3.24）。ちなみに、倒伏の方向は南西〜西方向を向いて圧倒的に多くみられている。

　なお、調査対象地の地形は、5度前後の緩傾斜であった。土壌調査の結果では（写真3.25参照）、土壌は、粗粒火山放出物未熟土であり、大きさ10cm前後の浮石や石礫の堆積があり、排水は比較的に良いものの、根の周りに空間が生じやすく、また地盤も緩いため、大雨や強

写真3.24　倒木は浅根で、円盤状の形状のものが多かった

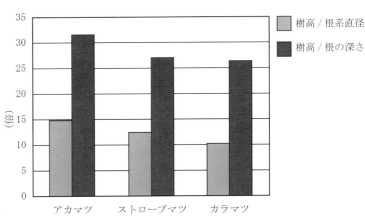

図3.32　被害木の地上部と根の比率

A層：浅く、発達が弱い

B層：10cm内外の粗粒の浮き石が多い

浅間山火砕流の赤褐色の石礫の固層

写真 3.25　被害地の土壌断面

写真 3.26　調査のお手伝いの様子

風時には倒木の危険度が高かったことが推察された。また、地中 60 〜 70cm 付近からは浅間山火山流の石礫の固層があり、直根が発達せず、円盤状に根系が発達されやすいため、表 3.8 に示されるような円盤状の根系の状況になったことも推察された。土壌含水率は平均 11.4％（± 1.2）、平均 pH は 4.9（± 0.2）、平均 C/N 比は 13.6（± 2.0）、C 含有量は平均 4.8％（± 2.4）、N 含有量は平均 0.2 〜 0.3％（± 0.1）であった。

　ちなみに、今回の土壌断面調査では、当時、小学校 2 年生の息子にも手伝ってもらった（写真 3.26）。息子はいまや大学生となったが、幼少期から自然、森林に親しんできたせいか、今でも声をかければ、毎木調査や植生調査などは手伝ってもらえている。永続してもらいたいところだ。

台風通過 9 月 6 日当日の状況の推察

　台風 9 号来襲前後の 2007 年 9 月 4 日から 8 日にかけての軽井沢町の天候は、 4 日は快晴、5 日は曇り時々雨、6 日は大雨、7 日は雨後薄曇、霧を伴う、8 日は晴れ後薄曇であった[2]。4 日と 8 日は、降水は観測されていない。9 月 4 日〜 8 日の風速を図 3.33 に示す[2]。主な風向きは、9 月 4 日は東南東、5、6 日は北東〜東、7 日は北東〜南東、8 日は北西方向であっ

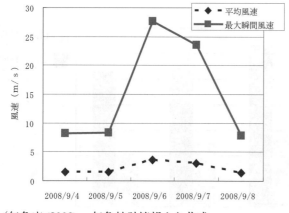

（気象庁（2008）　気象統計情報より作成

図 3.33　2007 年 9 月 4 〜 8 日の軽井沢町における風速

写真 3.27　台風の通過によって、根元から折れた電柱

た。9月5日は52.5mm、6日は286mm、7日は57.5mmの降雨があり、9月6日夜から7日朝にかけては、30〜40mm／時以上の激しい降雨があった。この集中的な降雨によって、林地の土壌含水率が高まり、樹体支持力が低下していたことがまず推察される。さらに6日当日の最大瞬間風速27.7ｍ／ｓの強風、突風によって大きな振幅揺動が立木に引き起こされ、それによって大きな牽引荷重が発生し、倒伏に至ったことが推定された。なお、倒木方向は南西〜西方向に多かったが、当日は北東〜東方向の強風が吹いており、この倒木方向とも合致する。また、この時の最大瞬間風速27.7ｍ／ｓの強風は、町内の電柱をへし折るほどのものであった（写真3.27）。

　一般に強風に対する樹木の耐風性は、根系の形状に影響を受ける[1]。しかし、前述したように、同地区では植栽木の根系が発達しにくく、根が浅かったために、その耐風性も低く、また、根の深さと地上部の比率が1：26〜31と頭でっかちのアンバランスであったこと、また雨による樹冠部の着水量が多かったなどのことから、地上部の転倒モーメントが地下部の抵抗モーメントを簡単に上回り、6日当日の突風率（瞬間風速／平均速度）が大きかったため、数多くの倒伏をもたらしたものと推察される。

過去の軽井沢町での台風被害の状況

　2007年以前にも実は軽井沢町は周期的に大きな台風の被害を受けている[4]。近年では、2001年の台風15号（9月10日）、1990年の台風11号（8月10日）、1982年の台風10号（8月2日）などの大きな被害があり、2001年の台風15号でも死者が出ている。1959年の台風7号（8月14日）、1949のキティ台風（8月31日）などでも大きな被害があり、同様の倒木被害が出ている。実は、今回調査を行った追分地区の被害木は、1959年の台風7号の被害後に植栽されたものだったのである。

　このように軽井沢には今後も台風の通過があり、その被害を受けることが予想されるため、台風を考慮した選木と造林手法を再考する必要があるものと考えられる。今回特に被害の多かったカラマツ、ストローブマツは、ともに成長が早く、特にカラマツは軽井沢町内で植栽されている箇所が多い。軽井沢といえば、カラマツ林を背景にサイクリングする避暑客のイメージなどもあるかも知れない。しかしながら、前述したように、軽井沢の土壌には浅根性のカラマツの植林はもともと不適である場所も多いと思われる（写真3.28）。

いずれも根は浅く、写真の湿地帯での根系は地下わずか十数センチであった。
写真3.28　軽井沢町内のあちこちで見られたカラマツの倒木

風倒木処理後の植生

それでは、台風襲来のその後はどうなったのだろうか？台風1年後、風倒木を搬出後の2008年9月上旬現在の植生状況を表3.2に示す。植生調査は、浅間山国有林2070い・ろ林小班内に2m×2mのプロットを設定し行った。陽性の草本、木本植物を中心にした植生が、埋土種子、風散布、動物散布などにより、被害地には一斉に芽生え繁茂をしてきている（写真3.29）。今後数年はこのような陽性植物の成長、繁茂が続くものと予想されるが、このまま自然植生の回復を待つか、人工植栽をさらに行うかの選択が考えられる。

表3.2　風倒被害1年後の植生

（木本植物）
ウワミズザクラ、ツノハシバミ、コブシ、カラマツ、タラノキ、ヤマウルシ、ミズナラ、ヌルデ、クヌギ、ヤマグワ、ムラサキシキブ、ニワトコ、アズキナシ、カラコギカエデ、サワフタギ、ニガイチゴ、オトコヨウゾメなど

（草本植物）
イタドリ、ヨモギ、ノイチゴ、イヌタデ、ワレモコウ、シロモジ、ノアザミ、ニシキウツギ、メマツヨイグサ、オオマツヨイグサ、モリアザミ、アキノノゲシ、クワモドキ（オオブタクサ）、キジムシロなど

多様な植物が一斉に生えている
写真3.29　台風1年後の被害地の植生

今後の対策

これらの自然植生を考慮しながら、今後の対策としては、

① 　浅根性の樹種を植栽しない。

② 　転倒モーメントが抵抗モーメントを上回らないような樹形バランスの育成技術の検討。

③ 　地域の潜在植生の樹木の導入の再考。

④ 　定期的な台風来襲を考慮した植生、森林管理。

の4点があげられる。

台風や集中豪雨などの自然災害の場合であっても、実はその原因の中に、樹種選定をはじめ保育管理など、人為的な要因も混在し、関与していることが多い。今回の軽井沢の台風風倒木調査では、そのことをあらためて認識する結果となったといえよう。

参考文献

⑴　石川　仁(2005)　樹木の流体力学特性の実験的解明。ながれ24:483－490

⑵　気象庁(2008)　気象統計情報

http://www.jma.go.jp/jma/menu/report.html

⑶　東信森林管理署（2007）平成19年台風9号による国有林被害について。

⑷　山下脩二（1987）軽井沢の気候－軽井沢町史。131－175

⑸　上原　巖（2008）2007 年台風9 号の長野県軽井沢町における風倒木被害状況。中部森林研究　57：255-257。

━━━━━ コラム　「森林研究あるある」　誤字 ━━━━━

　学会発表だけでなく、各会議や研修会、プロジェクト発表、また研究室での卒論発表会や、ゼミ発表など、とかくパワーポイントを眺める機会は数多い。

　その中で時折気になるのが、誤字である。

　私の研究室での発表では、「根本」、「樹幹」の二つがよく見られる。根本は、「根元」、「樹幹」は「樹冠」との誤字である。最近の発表では「木を伐る」が「気を切る」という表記になっていた学生発表もあり、さすがに笑ってしまった。いたって本人は真面目なのであるが、誤字というものは、本人自身はあまり気が付かないことにその真骨頂がある。

　また、誤字ではないが、こんなことがあった。まちを歩いていて、「Ｓｈｉｎｅ！」と書かれた看板を見かけたのである。それを見た私は「シャイン！」ではなく「死ね！」と読んでしまった。この場合は、自分自身にケアが必要なようである。

　ワープロ、パソコンを使うようになってから、すっかり漢字が書けなくなったと云われた頃からも数十年の時が流れた。いまや漢字はもちろん、言葉の使い方そのものがおかしな表現になっているものも増えてきている。これは、大学だけでなく、マスコミで使われる表現でも同様である。

　また、時間の経過とともに、本来の意味の曲解がおきる場合もある。

　例えば、『朋遠方より来る、また楽しからずや』という、孔子（B.C.552-479）が残したとされる一句がある。その意味として、「仲のよい友人とともに酒をくみかわし、歓談することは人生の楽しみの一つである」などと現在は解釈されていることが多く、飲み会の時など、この一句を引き合いに出す教員もいることだろう。

　しかしながら、この一句の本来の意味は、「自分の思想が世になかなか受け容れられないでいる時、思いもかけない遠方から支持の声を聞くのは喜びである」という意味なのだ。けれども、なぜか日本では曲解され、それもお酒の席の一句として現在は伝

承されている。

　また、エジソンの有名な「天才とは、1％のひらめきと99％の汗である」"Genius is one percent inspiration and 99 percent perspiration." という言葉がある。これは、例え天才であっても、つまり成功を得るためには99％は努力であり、ほんのわずかなひらめきが必要とされるのだ、という意味で解されることが多いが、本来の意義はそうでなく、「たった1％のひらめきがなければ、例え99％の努力があっても天才にはなれない「成功できない」、つまり、ひらめきが大切なのであるという言葉である、という説もある。実は私もそう思っているひとりである。

　森林・林業界でも、このような曲解されている言葉がいくつかある。「巻枯らし間伐」などはさしづめそうである。もともとは、やむにやまれぬ場所と場合に行う、急場しのぎの方法であったものが、その後いつの間にか、簡易的にできる間伐手法として用いられるようになってしまっているのではないだろうか。同様に「森林療法」でも同じような経過がみられる。もともとは、障害者や子ども、高齢者、心身に不調を抱えた労働者などを対象とし、人間も森林も共に健やかになっていこうとする趣旨だったものが、いつの間にか、ガイド事業になり、村おこしや資格認定ビジネスのように変容してしまっている。これらなどは「誤解釈」といえようか。

3.5　福島における放射線量の調査研究

　2011（平成23）年3月11日の東日本大震災による広範囲にわたる大規模な津波、さらにその後発生した東京電力福島第一原子力発電所の事故により、福島県内は甚大な被害を受けたことは周知のとおりである。死者、行方不明者あわせて数万人ものぼる、未曽有の大地震、津波被害であったばかりか、原発事故という人為的な災害も加わり、人類の歴史的にも

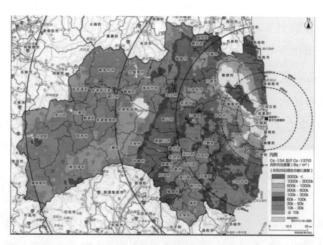

注：南相馬市には、西側の飯舘村、南側の浪江町と並んで、高い放射線量が報告されていた
図 3.34　文部科学省が発表した福島県各地のセシウムの沈着量（2011 年）。

大きくその爪痕が残ることとなった。

　原発事故は、当初はレベル 4 の報道がなされたが、後にレベル 7 （最も深刻な事故）に修正された。つまり国際的にも、科学史の上でも重大な事故であった。

　福島県の海岸部はいうまでもなく津波による被害を、山間部、平野部は放射能汚染による被害を受ける、特に森林は、放射性降下物質のシンクとなっていることが今日でも指摘されている[1]。

　今回の大震災の被害の特徴は、広範囲に及ぶ甚大な津波被害ととともに、目に見えない放射能汚染に対する大きな不安があることである。しかしながら、その詳細な汚染状況や汚染のメカニズムは震災後 8 年半が経過した現在でも、いまだに把握しきれておらず、地域住民だけではなく、国民の不安も継続させ、今後の森林再生の方途がなかなか見いだせない状況にある。また、福島第一原発事故現場から今なお、そして今後一体どれほどの放射性物質の追加放出があるのかといった基本的な問題も依然として不明のままである[2]。

　そこで東京農業大学では、2011 年より「東日本支援プロジェクト」が大澤貫寿学長（現在は理事長）の主導のもと立ち上げられ、森林総合科学科に所属する私は、とりわけ高い放射線量が報告されている福島県南相馬市を主な対象地とし、同市の森林に複数の調査地を設けて様々なサンプルを採集し、放射線量の測定を行うこととなった。

調査の方法

　調査の対象は南相馬市の森林とし、地区別、標高別、地形別、施業別、樹種別に調査を行い、樹冠、樹幹、枝葉、種子、花芽、萌芽枝、落葉層、天然更新の稚樹、キノコ原木、林地残材、土壌、農業用水などの放射線量および放射性物質の濃度測定を行った。

　測定を行った機器は、日立 ALOKA 社製の放射線量測定サーベイメータ、同社製の食品放射能測定システム、Canberra 社製同軸型ゲルマニウム半導体検出器、ニッセイ社製空間線量計である。

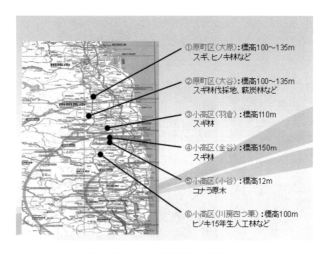

図 3.35　主な調査地の概要

調査研究は、2011（平成 23）年 11 月より開始した。

調査地でサンプルを採集し、農大に持ち帰り、放射線量を測定したが、2011年当初は、森林林床の落葉層の放射線量が高いことが特徴であった。また、特に高かったのは、産地の奥まった谷地形の場所、あるいは福島第一原発方向からの風をもろに受けたと推察される平野部の若齢林であった。

個々の樹木では、端的に言って、常緑針葉樹は高い傾向が、落葉広葉樹では、低い傾向が認められた。これはこれまでの他の調査研究でも報告されている通り、原発事故時の着葉の有無が原因であると思われる。

次に樹皮と木部との比較では、樹皮部分の放射線量が高く、放射性降下物質が樹皮に主に付着し、汚

注：2010年に伐採されたこの地を皆伐試験地とした。

写真3.30　原町区（大谷）でのスギ伐採地（農大ＯＢの所有山林）

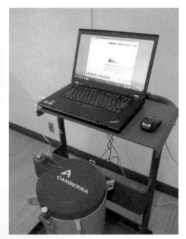

上左：放射線量サーベイメータ
上右：食品放射能測定システム

下左：同軸型ゲルマニウム半導体検出器
下右：空間線量計）

写真3.31　使用した各種の放射線量計

写真3.32　樹木の枝葉サンプルを採集している私（2012年）

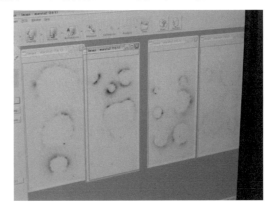

写真3.33　樹皮の放射性物質測定の様子（オートラジオグラフィー）

染していることが示された。部位では、立木の下部よりも上部で線量が高く、側方からでは
なく、主に上方から降下物質が付着したことが推察される。

　各地に散在していたキノコ原木の放射線量の測定結果では、当初、露地置きのものは放射
線量が高いことを予想していたが、実際に測定をしてみると、500ベクレル未満前後のもの
もみられた。このことから、放射性降下物質は、シートを敷くように一斉、一様に降り注い
だものではなく、ホットスポット的に斑状に降下したことも推察された。

（左：小高区（小原）　　右：小高区（川房））
写真3.34　南相馬市内に散在するキノコ原木の様子

（左：クリの雄花　中・右：森林から流れ出る農業用水のサンプル採集）
写真 3.35　その他の採集サンプル

（左：スギの若齢樹　右：コクサギ）
写真 3.36　蒸散水のトラップ試験の様子

　その他の採集サンプルでは、2012年春に芽生えた草本植物では放射性物質が検出されないものが多かった。山林から流出する水による里の汚染も当初危惧されていたため、2012年から農地の水路、農業用水、山林からの流水、雪解け水、ため池の水など、農林業に関わる水の放射線量の測定も行ったが、放射性物質は検出されなかった。

　さらに試験的にスギ（若齢、壮齢）と低木のコクサギの枝葉にビニール袋を24時間かぶせて、葉から蒸散される水をトラップし、その測定も行ったがいずれも放射線量はほとんど検出されなかった。

　これらの各結果から次の5点が明らかになった[3][4][5][6]。

① 　放射線量は、森林の位置する標高と地形、また原発からの方角と風向きに影響を受けている。

② 　森林施業的には、風通しの悪い放置林や、複層林で高い放射線量を示し、逆に皆伐地では、低い傾向がある。

③ 　キノコ原木では、露天にさらされている状況のものでも放射性物質濃度が低い地区、また林冠下に置かれながら高い放射性物質濃度を示した地区がある。

④ 　2012年春に皆伐区に芽生えた草本類、および落葉広葉樹の萌芽枝の放射性物質濃度

はいずれも低い傾向が認められた。

⑤　南相馬市の森林環境で、特に高い放射性物質濃度を示したのは、林床の落葉層であった。

特に空間線量がとりわけ高かった森林を写真3.37に示す。

写真3.37Aのスギ林は間伐モデル林であり、林間には天然広葉樹が入り込み、林相は複層的で、個々のスギも通直で形質も良い。山林所有者にとっては、まさに痛恨の極みであろうが、このように施業的に良好な林分では、下層植生が豊かであり、物理的にも上木、下木の複数の層が多様に形成されるため、放射性降下物質の付着する箇所も多かったことがまずもって推察された。また、同Bのヒノキ林は、若齢のため、樹高はまだ低いものの、周囲に遮へい物がなかったことと、枝打ち、間伐などの保育作業が未実施であり、閉鎖的な林間であったため、放射性降下物質の付着がより多くなったことが推察された。同Cのスギ林は、主に風の流れと谷地形であったことが放射線量を高めたものと推察される。

これらのことから、放射線量の高低には、

①　福島第一原発からの風の方向

②　地形

③　樹種、施業

の三つの要素が絡んでいることが推察された[3) 4) 5) 6)]。

森林の除染作業の可能性および今後の管理手法について

最も効果的な除染方法は、その当地の表土を剥ぎ、別の場所に移動することとされている。その方法もあり、効果もある程度認められており、理論上は可能である。

左：A林分：スギの間伐モデル林：空中線量　6.5 μSv/h
中：B林分：15年生のヒノキ林：空中線量　13.3 μSv/h
右：C林分：スギ林：空中線量　9.2 μSv/h

写真3.37　特に放射線量が高かった3つの林分

しかしながら、数百万 ha にわたる広大で複雑な地形を持つ森林の場合は、その除染にその剥ぎ取り手法を取り入れることは実際には極めて困難である。急峻で車はもとより、人間の侵入を阻む森林は山深く広大に存在するからである。部分的に除染をしても、その後に時間の経過とともに空気の流れで放射性物質が移動し、再び汚染されるケースも考えられ、表土、木に付着、蓄積された放射性物質が山火事によって大気中に再放出される場合なども想定される。また、そのような森林環境下での作業だけでなく、調査においても、放射能の影響を常時留意し、調査者の健康管理を十二分に行うことが必要となる。

ちなみに、2011 年 12 月に南相馬市内の森林を使って、JAEA（日本原子力研究開発機構）による除染作業のモデル実験が行われた（写真 3.38）。表土、落葉、落枝などの地被物を剥ぎ取る方法により、放射線量はある程度低下をすることが確認されたが、同時にその除染物をどこに保管すればよいのか？といった基本的な問題も提起された。その後、それは「仮置き場」とされ、各地にその面積が増えているが、その「仮」という名称にも表れているように、今日でもその問題は解決されていない。

また、1986年のチェルノブイリでの原発事故の際、森林での除染作業はほとんど行われなかったことが報告されている（写真3.39）。

さらに福島県および南相馬市の森林は、主に平野部に成立するチェルノブイリの森林とは

左：落葉層、表土が剥ぎ取られ、除去されたケヤキ林
右：除去された落葉・表土を詰めた袋の山）

写真3.38　南相馬市で2011年に行われた森林除染作業のモデル実験の様子

（2011年11月　朝日新聞）

写真3.39　旧ソ連・チェルノブイリでの原発事故後の除染作業に関する記事

写真3.40　2011年11月現在の南相馬市の津波被害（右）と放射能被害地（左）

異なり、急峻な山地をはじめ、谷部や崩壊地、いりくんだ複雑な地形などに多く、その場所に到達することすら困難な場合が多い。また、原発事故以前から、森林・林業の労働者不足は長年指摘されてきたところであり、このような悪条件下での除染作業を行える人材は少ない。また、仮に表土や落葉層を剥ぎ取ることができたとしても、その運搬や、置き場所の問題もある。したがって、大面積の森林の除染は極めて困難である。

　それでは、次に、南相馬市の森林をどのように今後管理していけばよいのだろうか？

　写真3.40は、右側に津波の被害場所、左側に放射能の汚染状況を示した地図である（2011年11月現在）。当然ながら、海岸部は津波による被害が中心であり、放射能による汚染は内陸部で主にみられている。

　そこで、今後の森林管理にあたっては、

①　放射性物質による被害地

②　津波（塩害を含む）による被害地

③　いずれの被害も受けなかった森林

の3種類の森林に分類し、それぞれ手法を変える必要があり、それぞれ施業を行う場所と、そのまま放置すべき場所の2通りがあると考えられる。そして、今後の再造林の手法としては、土壌流亡や水災害を起こす危険性の少ない森林にあたっては、思い切って林地を明るくする皆伐、または傘伐を行い、自然の復元力、天然更新を待つことも一つの手法であると考えられる。その際には、林地の種子、発芽、稚樹などのそれぞれの放射性物質濃度を定期的に観測し、本来の自然植生に配慮しながら、芽生えてきた木の中からどんな木を残していったらよいかを選んでいく方法を取ることも一考である。そのためには、そのモデル地区を幾つも設け、樹種や地形、汚染濃度による違い、特徴なども明らかにしていく必要がある。芽生えた稚樹から保残木を育成し、森林に仕立てていく方法であるため、息の長い管理が必要となるが、放射性セシウム137の半減期の約30年間を考慮すれば、その時間の流れはパラレルであるともいえようか。

　写真3.41は、今回の調査での一つの対象地であるスギ林の伐採地であるが、皆伐の2年後、草本、木本植物の双方が天然更新で旺盛に芽生え、成長している様子がうかがえる。

（左：2011年12月の様子　　右：2013年7月の様子）

写真3.41　スギ皆採地の２年間の変化

現在の状況は？

それでは、本書を書いている現在の状況はいかがだろうか？

2018年6月13日に、福島県南相馬市において2011年より定点観測を継続している五つの林分（ヒノキ人工林、スギ皆伐地、スギ高齢林、スギ間伐林、広葉樹林）において、森林土壌、リター、木本植物の枝葉、花芽、果実などを計37サンプル採集した。採集したサンプルは、生重量計測後、乾燥機にて全乾させ、含水率を算出した後、U8容器に詰め、ゲルマニウム測定器にて、1サンプルにつき、6〜24時間放射線量を計測した（誤差はいずれも3%未満）。

測定結果の結果は、以下の通りであった。

① 測定を開始した2012年時と比較すると、2年半の半減期を過ぎたセシウム134（Cs134）の放射線量には各測点で大きな減少がみられた。半減期30年とされるセシウム137（Cs137）の数値も漸減傾向にある。

② 2011年最も高かった森林のリター層（落葉層）において、放射線量の減少がみられる（図3.36、図3.37）。このことから、リター分解の進行とともに放射性物質が森林土壌に移行していることがうかがえる。つまり有機態から無機態への変化にともなって放射性物質も移行していることがうかがえ、このことから、今後は、無機化した養分が林木に再吸収される際に、どの程度放射性物質も取り込まれるかが次段階の問題となるだろう。

③ 森林土壌では、表層5cm部の放射線量が高く、10cm層では減少する。このことから、土壌表層部での放射降下物質の堆積が依然うかがえる（図3.38、3.39）。

④ シイタケ原木の萌芽枝からは、2016年より継続して、Cs134,137ともに放射線量は検出されていない。

⑤ 2016年に高い放射線量が検出された地衣類（ウメノキゴケ）は、放射線量の減少が

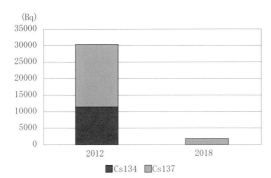

図3.36　スギ高齢林床のリターの放射線量の2012年と2018年の比較（単位：ベクレル）

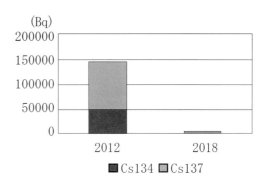

図3.37スギ間伐林床のリターの放射線量の2012年と2018年の比較（単位：ベクレル）

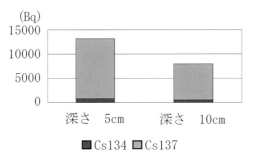

図3.38スギ高齢林土壌の深さ5cm層、10cmの放射線量の比較（単位：ベクレル）

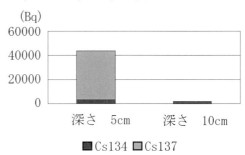

図3.39　スギ間伐林土壌の深さ5cm層、10cm層の放射線量の比較（単位：ベクレル）

認められた。

⑥　そのほか、全37試料（土壌、リター、枝葉、花芽、果実など）の放射線量の測定を行った（表3.9）。

また、Cs134が非検出だったサンプルは23種あった。クロモジ（クスノキ科）、ヤマグワ（クワ科）、クリ（ブナ科）、コナラ（ブナ科）、イヌシデ（カバノキ科）、アサダ（カバノキ科）、ミズキ（ミズキ科）、サンショウ（ミカン科）、コクサギ（ミカン科）、ヤマフジ（マメ科）、アセビ（ツツジ科）、若齢スギ（ヒノキ科）、ウワバミソウ（イラクサ科）などである。

さらに、Cs134、Cs137ともに非検出であったサンプルも9種あった。

以上の各結果から、

①　放射性降物質の被害を受けた森林では、セシウム134が激減している。

②　林床リターの放射線量は減少し、森林土壌の表層部に移行中であると思われる。

③　自然の広葉樹、針葉樹の実生では、ともにセシウム134,137が検出されない樹種も増加している。

④　切り株の萌芽更新では、萌芽枝からの放射線量は検出されなかった。

⑤　森林からの流出水から、放射線量は検出されなかった。

の5点をふまえ、今後の森林再生の施業方策としては、間伐、除伐により、林内空間をあ

表3.9　2018年度採取のサンプル一覧と測定結果

サンプル	生重量 （g）	乾重量 （g）	含水率 （%）	Cs134 (Bq)	Cs137 (Bq)
＜ヒノキ若齢林＞					
リター	39.63	16.46	58.4	770.16	8174.4
土壌	74.7	49.35	33.9	936.58	11336.0
ヤマグワ	15.3	5.36	65.0	非検出	非検出
アブラチャン	9.48	4.01	57.7	非検出	168.44
＜スギ間伐林＞					
リター	46.96	19.73	58.0	112.14	1591.3
土壌　5 ㎝	98.4	49.88	49.3	3140.5	39189.0
土壌　10 ㎝	95.42	67.25	29.5	202.49	2504.7
ウワミズザクラ	30.9	10.19	67.0	797.61	9044.2
＜広葉樹林＞					
コナラ萌芽枝葉	26.32	12.36	53.0	非検出	非検出
クリの枝葉	30.4	13.25	56.4		
クリの雄花	16.41	5.3	67.7	非検出	41.302
ウメノキゴケ	6.87	2.9	57.8	1199	13051.0
＜スギ高齢林＞					
シラカシ	34.62	18.25	47.2	非検出	439.03
アカガシ	29.11	13.89	52.2	97.438	1562.3
シロダモ	15.82	7.18	54.6	非検出	382.64
フサザクラ	29.56	7.39	75.0	非検出	162.91
アセビ	11.91	4.05	66.0	140.6	2021.2
ウワバミソウ	25.03	2.78	88.8	非検出	143.48
スギ　若齢	35.74	15.43	56.8	非検出	非検出
ヒサカキ	4.81	1.81	62.4	非検出	非検出
ムラサキシキブ	30.35	9.48	68.8	非検出	279.26
モミ	16.89	7.25	57.0	102.5	942.3
スギ　皆伐　実生	17.69	7.82	55.8	非検出	非検出
アカメガシワ	23.99	6.46	73.0	非検出	非検出
スギ高齢林　チドリ ノキ	17.56	6.37	63.7	非検出	163.99
クロモジ	15.55	5.15	66.8	非検出	非検出
イヌシデ	23.92	9.85	58.8	非検出	非検出
スギ高齢林　オニイ タヤ	24.58	9.44	61.6	非検出	321.67

皆伐地　土壌　5 ㎝	83.94	55.17	34.2	63.849	1036.5
武山　　土壌　5 ㎝	81.67	48.9	40.1	1008.3	11980.0
スギ高齢林　　土壌　10cm	66.08	40.8	38.2	684.41	7320.2
スギ高齢林　　土壌　5cm	121.68	63.84	47.5	2120.0	25504.0

け、林床照度を高めることによって樹木の天然更新（風散布、動物散布）を促進し、従来の針葉樹人工林との天然広葉樹との「針・広混交林」化をすすめることが現実的であり、かつ将来の展望を持てるものであると考えられた。

　また、津波による海岸林被害からの再生状況も 2015 年に調査してみたところ、人工植栽の沿岸部のクロマツは津波の物理的な作用によって、内陸部のスギは塩害によって、それぞれ壊滅的な打撃を受けたが、自然植生のケヤキ、タブノキでは生存木が点在していることが確認され、海岸部の草本類の植生は順調に回復をみせ、自然遷移も開始されていた。

　このことから、従来、海岸部の樹木植栽ではクロマツが推奨されてきたものの、津波後の生存植生からは、タブノキ、ケヤキの植栽も今後は奨励していく可能性がうかがえた。

写真3.42　津波で壊滅的な打撃を受けた沿岸部のクロマツ林（南相馬市　2015年）

写真3.43　津波による塩害で壊滅的な打撃を受けたスギ林（南相馬市　2015年）

写真3.44　海岸近くに生存していたタブノキ（2015年　南相馬市）

写真3.45　津波あとでも生存していたケヤキ（2015年　南相馬市）

今後の展望

　物理的だけでなく、いまなお社会的にも大きな問題、課題、壁があるが、理想は南相馬地域の自然植生を健全に戻すことである。その姿を夢見て、今後も地道な調査研究、活動を継続していきたい。

　今回の南相馬市の調査においては、行く先々で様々な方々に大変お世話になった。その中でも相馬地方森林組合の前組合長の堀内さんには調査当初より大変お世話になった。特に堀内さんからいただいた、「東京農大は時の権力者の都合の良いように測定データを改竄したり、隠蔽したりせず、明確に実際の数値を報告してくれるものと期待している」との言葉は深く印象に残り、心に残っている。重ねて深く感謝申し上げるとともに、今後の活動にも一層邁進していきたい。

参考文献

（1）　野中美貴、青木翔子、梅津　光、小林陽一、高橋昌也、長谷川綾子、森　里美、安

　川知里、板倉正晃、大林宏也、上原　巌、海田るみ、太治輝昭、坂田洋一、馬場啓一、林　隆久（2012）樹木中の放射性セシウムの動態。第123回日本森林学会大会学術講演集（CD-R）

（2）　竹内敬二（2011）福島原発、収束のめどただず チェルノブイリの様相深まる。グリーンパワー2011年6月号。pp. 24 - 25。森林文化協会。

（3）　上原　巌、中村幸人、橘隆一、江口文陽、瀬山智子、大林宏也（2012）、福島の森林における放射性物質動態の調査研究。日本きのこ学会（於：東京農業大学）。

（4）　橘　隆一、上原　巌、中村幸人、江口文陽、瀬山智子、大林宏也（2012）、福島の森林における放射性物質動態の調査研究。日本治山緑化工学会（於：東京農業大学）。

（5）　上原　巌、中村幸人、橘隆一、江口文陽、瀬山智子、大林宏也（2012）、福島の森林における放射性物質動態の調査研究。第2回中部森林学会（於：信州大学）。

（6）　上原　巌（2012）福島県南相馬市の森林における放射能測定の結果。第3回日本森林保健学

会学術総会。

（7）上原　巌、中村幸人、橘隆一、江口文陽、瀬山智子、大林宏也（2014）第Ⅲ部トピックス4「森林生態系における放射性物質の動態」東日本大震災からの真の農業復興への挑戦。pp.318－335. ぎょうせい

（8）Iwao UEHARA, Tomoko SEYAMA, Fumio Eguchi, Ryuichi Tachibana, Yukito Nakamura, Hiroya Obayashi（2015）Chapter 13 : Nuclear Radiation Levels in the Forest at Minamisoma, Fukushima Prefecture, Agricultural and Forestry Reconstruction After the Great East Japan Earthquakepp.193-202. Springer.

───── コラム　「森林研究あるある」　ひらめきのメモ ─────

　仕事上のブレークスルーが必要な場合、最も大切なことは「ひらめき：インスピレーション」である。しかし、このひらめきは、その分野、その世界にどっぷりとはまっているときにはまず得られることはない。意外にも研究分野とはかけ離れた分野、世界に身を置いている時に、その啓示を受けることが多い。

　私の場合、ひらめきをもたらす世界は、数学や物理の本である。高度に抽象的な数学や物理学の本を読み、あるいは眺めている時にアイディアを得たり、ひらめいたりすることが多い。その意味では、森林の専門書よりも数学、物理の本の方が参考になることがある。私のような大学の末席に身を置く者でさえそうなのだから、数学、物理が「よく見える」人においては、さらに大きな効力を持つことだろう。また、その時にひらめいたアイディアは、その本の余白に構わず書きつけていく。たとえ陳腐（ちんぷ）なひらめきであったとしても、そのひらめきの方が本の体裁よりも大切である。

1980年代なかば、アメリカのミシガンに留学していた頃、大学の研究室で教わったことは、「常に鉛筆と紙を持ち歩き、アイディアをひらめいたら、すかさずメモを取ること。また、そのため、常にどんな紙、それはクシャクシャのものでも、レシートの切れ端でも良いから、紙と鉛筆を携行していること」であった。それ以来、私はその教えを守り、割りばしの袋や紙ナプキンなどにもメモをしている。ひらめきは、樹木の芳香同様に、一瞬にして揮発しやすいからである。

読書している時に思いついたメモ。本に直接書き落としていく。

3.6　カラマツとオオバアサガラ：樹木のコンパニオン・プランツ？

コンパニオン・プランツ

みなさんは、「コンパニオン・プランツ（Companion Plants）」をいう言葉を聞いたことがあるだろうか？

コンパニオン・プランツとは、ある植物同士をうまく組み合わせて植えると、病害虫や雑草の被害の繁茂を減らしたり、あるいは共に成長が良くなったり、並んで生育するのに相性のよい植物のことである。「コンパニオン：同伴者」という名称もそこから命名されたのだろう。

コンパニオン・プランツは、共栄植物、共栄作物とも呼ばれ、ローズマリーと野菜、マリーゴールドと野菜などが有名なところであろうか。しかしながら、草本植物、特に草花や野菜といった園芸系の植物ではその研究は進んでいるものの、自然界だけでなく、人工植栽においても、木本植物、樹木同士のコンパニオン・プランツとなると、意外にその研究は進んでいない。サクラ類とカエデ類は相性が良いのでは？などと言われることはあるが。

そこで、ここでは私がよく山林で出会う、カラマツとオオバアサガラについて紹介したい。カラマツ林の林床では、よくオオバアサガラに出会うことがあるので、私はこの２樹種は、コンパニオン・プランツではないかとにらんでいるのだ。

カラマツについて

カラマツは、針葉樹の中では珍しい落葉性のマツである。春には、緑の芽吹きが、秋には黄葉が見られる。その姿も美しいことから詩にうたわれたり、写真集も作られたりしている。

カラマツの容姿も美しいが、その松ぼっくりもまた人気がある。クリスマスツリーを飾る

（左：秋の黄葉　右：冬のシルエット）

写真3.46　カラマツの写真集の例

季節になると、一つ一つのカラマツの松ぼっくりをビニール袋で包装し、販売するデパートまであるほどである。

カラマツはマツ科カラマツ属の樹木で、北半球の亜寒帯もしくは亜高山帯に自生し、世界に12種あるといわれ、日本のカラマツは、日本固有の種 *Larix kaempfrei* である。

日本では、北は宮城県から、西は石川県、南は静岡県までの狭い分布にみられる。しかし何といっても、日本でのカラマツは信州である。長野県は自生の中心地であり、天然カラマツが標高1000〜2500mのところに分布している。

カラマツは強い陽樹であり、成長が早い。火山礫や火山灰などに覆われた裸地への初期侵入するパイオニア樹種の一つでもある。他の樹木が成立できない極端な立地条件でカラマツの群落が成立するのを見ることがあるが、これは普通の条件下においては、カラマツは競争の弱者であるため、そのようないわば追いやられた場所で見られるのである。

カラマツは、乾燥気候の理学性の良い土壌を好む。樹幹は通直、耐凍性が高い樹木でもある。豊凶の差が激しく、定まった豊凶循環は予想しにくいため、安定した種子供給が課題でもある。最近では、12年間豊作がなかったこともあった。研究室で各地にカラマツの種子の有無を問い合わせたところ、北海道と長野県の森林組合で在庫があったものの、100g当たり、なんと25,000〜30,000円という高価であった。

カラマツは、成長が早いことから、早く収穫ができ、その材は、かつては炭鉱での杭や建築の足組丸太、電柱などにも使われてきた。木目が明瞭なことから、現在でも家具や、校舎の内壁などによく使われている。

写真3.47　カラマツの美しい松ぼっくり

写真3.48　高標高でひょっこりとみられるカラマツの実生の例

写真3.49　不作が続く年には、ことのほか高価となるカラマツの種

写真3.50　カラマツ材のベンチ（左）とテーブル（右）

オオバアサガラについて

　次にオオバアサガラについて紹介しよう。オオバアサガラという名称自体が、まず一般の方には耳慣れない樹木であろう。

　オオバアサガラ（*Pterostylax hispida* Sieb. et Zucc.）は、アサガラ属エゴノキ科の落葉広葉樹である。カラマツ同様の陽樹だ。沢や沢地形の場所に自生し、萌芽能力も高い。通常は落葉低木の呈を示しているが、上木がなくなった場合などに一気に上長生長し、10数mの高木になる場合もある。同時にその材質も、低木である時は華奢な構造で、その枝はポキポキと簡単に折れるのだが、中高木となると、材は緻密で固くなる。生長を実にダイナミックに変化させる樹木なのだ。

　また、種子は房状にでき、種皮には毛が多い。かつては風散布の樹種とされていたが、実は種子は重いため、飛散できず、樹冠下にそのまま重力落下するものが多い。シカの足跡のついている場所には、オオバアサガラの実生が数多く見られることがあるので、オオバアサガラは、シカや野生動物の体毛にも付着し散布される。このことから、動物散布の樹種であるともいえる。

東京農業大学・奥多摩演習林のカラマツ林

　今回はこのカラマツ、オオバアサガラの分布を東京農業大学・奥多摩演習林の標高800〜1000m前後の複数の林分で調べてみることとした。

　一つの林分で大きさ10m×10mのプロットを4箇所つくり、林分の上木であるカラマツの樹高、枝下高、DBH、密度を測定し、樹冠投影図を作成した。オオバアサガラについても、

写真3.51　カラマツ林冠下で群生するオオバアサガラ（長野県北相木村）

樹高、DBH、密度、樹冠面積を測定した。さらにオオバアサガラは広葉樹であるから、その葉からクロロフィルの測定（SPAD：Soil & Plant Analyzer Development）も容易にできるため、その測定も行った。林分の斜度、斜面方向、相対照度、土質なども同時に調べ、他の林床植生についても調査を行った。

　次に調査を行った林分である。まず林分 1 は、上木のカラマツ密度が 700 本／ ha、下木のオオバアサガラ密度 700 本 /ha、カラマツの平均樹高は 13.1m（± 4.0）、平均樹冠面積は 10.1㎡（± 3.3）、オオバアサガラの平均樹高は 2.5m（± 1.6）、平均樹冠面積は 4.6㎡（± 3.3）であった。下層植生は、ミズナラ、クマシデ、イヌシデ、クマイチゴ、リョウブ、コアジサイ、コゴメウツギ、スギ、ヒノキなどである。土壌断面では、落葉層は薄く、その下の A 層は 15 ～ 20cm、B 層は埴質壌土・埴土で、石レキはわずかである。また、林床の平均相対照度は 25.0%（± 8.2）と明るい林分である。

　次に林分 2 は、カラマツ密度が 600 本／ ha、オオバアサガラ密度は 2800 本／ ha、カラマツ平均樹高は 20.3m（± 4.0）、平均樹冠面積は 16.7㎡（± 5.6）、オオバアサガラは平均樹高が 3.3 m（± 3.1）、平均樹冠面積は 8.0㎡（± 1.0）であった。下木のオオバアサガラの繁茂が著しい。林床植生は、ウリハダカエデ、クマシデ、ミツバウツギ、ムラサキシキブ、サンショウなどである。落葉層は 5 ～ 8cm 前後で、A 層は 40cm、石・レキが多く、土壌空隙が高い。B 層は埴質壌土である。林床の平均相対照度は 7.2%（± 1.6）であった。

　林分 3 は、カラマツに対する対照地としてヒノキ林分とした。密度は 800 本／ ha、下木のオオバアサガラは 1100 本／ ha であった。上木であるヒノキの平均樹高は 15.0 m（± 0.4）、平均樹冠面積は 6.2㎡（1.7）、下木のオオバアサガラの平均樹高は 1.4m（± 0.7）、平均樹冠面積は 4.5㎡（± 2.9）であった。林床植生は、ミズナラ、ムラサキシキブ、コアジサイクマイチゴ、サンショウなどである。

　土壌は、落葉層が 5 ～ 8cm 前後、A 層は 20cm 前後であり、石・レキが多い。B 層は、埴質壌土、または埴土であった。林床の平均照度は 5.0%（± 1.4）であった。

　それぞれの林分の樹冠投影図を以下の図 3.40 に示す。

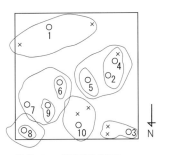
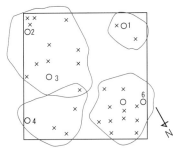
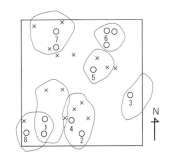

　　林分 1 の樹冠投影図　　　　　林分 2 の樹冠投影図　　　　　　林分 3 の樹冠投影図

　※林分 1、2 はカラマツ林、林分 3 はヒノキ林。×は、オオバアサガラの位置を示す。

図 3.40

カラマツ林の林分1、2の樹冠は、ヒノキ林の林分3よりもいずれも大きい。これは、カラマツは陽樹であることから植栽密度が低く、また枝の生長が良いことも示している。

図中の×のマーク部は、その林冠下におけるオオバアサガラの位置を示しているのだが、同じカラマツ林であっても、その分布と数は大きく異なっている。林分1では、オオバアサガラの分布は少なく、また樹高も軒並み低かった。それに対し、林分2の林床では、オオバアサガラの分布は多く、樹高も高かった。この違いを考えてみると、林分1はA層が薄く、埴土の多い土壌であるのに対し、林分2はA層が厚かったことが考えられる。オオバアサガラは、沢地形の水はけのよい土壌を好むため、埴土質の土壌では群落形成が困難で、また成長も不良気味である。このことから、埴質土壌の指標植物としてもオオバアサガラが使えること、例えば、カラマツ林であっても、オオバアサガラがあまり繁茂せず、その樹高も低い場合には、その林地の土壌が埴土質であることをまず疑ってみるという意味での指標植物として、可能性がある。

また、カラマツ林とヒノキ林との比較では、オオバアサガラの分布は、ほぼ同様の林分密度であっても、ヒノキの樹冠下では減少する。

次にカラマツとオオバアサガラの樹冠面積、オオバアサガラの本数をまとめたものを図3.41に示す。いずれも上木の樹冠面積が大きくなると、下木のオオバアサガラの樹冠面積も大きくなる傾向があるが、それはカラマツ林冠下で強く、オオバアサガラの本数は林冠の発達した林分Bで飛躍的に増えている。

トータルして、カラマツ林冠下でのオオバアサガラの分布を考えてみると、水はけのよい土壌で、上木のカラマツの樹冠形成が大きく、また上木のカラマツの枝下高が高く、オオバアサガラとの樹高差が大きい時に、オオバアサガラの群落が発達する傾向がうかがえた。普通は、上木の樹冠が大きくなれば、当然その日陰が大きくなるため、樹冠下の樹木の繁茂は少なくなり、成長も悪くなると考えるのが一般的なところだが、カラマツ林冠下のオオバアサガラの場合はその逆なのである。実際、林冠下の照度は、林分2は林分1よりも数倍も暗かったが、カラマツ樹冠、林冠の発達した林分2では、オオバアサガラはより繁茂し、また

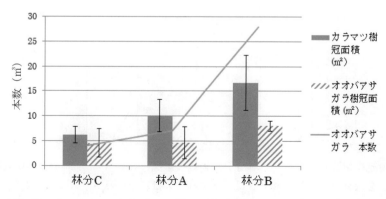

図3.41　カラマツ、オオバマサガラの樹冠面積とオオバアサガラの本数

その樹冠も大きく広がり、カラマツ林冠下にいわば第2の林冠層を形成した。このようなカラマツとオオバアサガラの関係のふるまいが、両者がコンパニオン・プランツなのではと推察される表象である。

緑の天井のようにびっしりと繁茂している。（長野県北相木村）

写真3.52　カラマツ林冠下でオオバアサガラが形成する第2の林冠層の様子

　カラマツとオオバアサガラの関係について紹介したが、ここでのカラマツは人工植栽、オオバアサガラはもちろん自然散布である。このような組み合わせは奥多摩だけではなく、信州のカラマツ人工林でも見受けられる。人工植栽の樹木同士、あるいは天然の樹木同士でのコンパニオン・プランツ的なふるまいの組み合わせも数多く見られる。人間同士に相性があるように、樹木にとっても相性や相利共生がある。こんな分野の研究も今後は進んでいくことだろう。

参考文献

(1)　Nishio, K., Kabutomori, S., Sugawara, I., Uehara, I., Sato, A.(2009) Germination and fruit characteristic of *Pterostyrax hispida.* Journal of the Japanese Forest Society 91(4):295-298.

(2)　Takahashi, Y., Nishio, K., Sugawara, I., Uehara, I., Sato, A. (2009) A study on the length of slip and rooting promotion method influences by cutting of *Pterostyrax hispida*. Journal of Agriculture Science, Tokyo University of Agriculture 54(1):51-58.

(3)　Takahashi, Y., Sugawara, I., Uehara, I.,Sato, A.(2009) The coppices characteristic of *Pterostyrax hispida* in three years from felling. Kanto Journal of Forest Research 60:87-90.

(4)　Nishio, K., Takahashi,Y., Sugawara, I., Uehara, I., Sato, A.(2009) Growth in gap and deer browsing characteristics of *Pterostyrax hispida*. Kanto Journal of Forest Reseach 61:89-93.

(5)　Iwao UEHARA (2017) Natural distribution of *Pterostyrax hispida* under the tree canopies of artificial *Larix leptolepis* stand. Kanto Journal of Forest Research 68(2)：217-220.

=== コラム　「森林研究あるある」　"エレガントな研究" ===

　科学研究費をはじめ、現在、各大学や各研究機関では、様々な研究費の獲得合戦が日々行われている。外部研究費の獲得がすなわちその研究者の研究能力や先見性、ひいては甲斐性、ステータスを表すことも多い。しかしながら、いざ高額の研究費を獲得したものの、その消化実行に思わぬエフォートがかかる場合もままあるところも、現在の「研究あるある」であろうか。

　研究費の額面では、数万円のものから数億円のものまでと、かなりの格差がある。私自身、数億円などという巨額の研究費にはこれまで申請、獲得はもちろん、参画もしたことがない。

　科学：サイエンスは私たちの生活に必要不可欠なものだ。その研究の規模や金額にも、より高いものがあって然るべきだともちろん思う。しかしながら、私自身は高額な研究費獲得よりも、お金をかけずとも、身近なところでアプローチしていく研究スタイルに惹かれる。いわば大型コンピューターを駆使するのではなく、クラシックな筆算で取り組んでいく姿勢である。力技ではなく、シンプルでかつエレガントな研究を理想として、カメの歩みの研究を重ねていきたいと思っている。

　前章まで、各地における森林、また樹木研究や、その新たな取り組みと可能性について書いてきた。

　では、その森林、林業を今後、実際につかさどっていく人材面はどうなのだろう？

　本章では、現在の森林専門教育の様子を、日本と海外の大学における教育から紹介してみたい。

大学における森林教育

　1970年代、わが国には全国の24の大学に「林学科」があった。この24という数字は、各地での森林、林業のなりわいをもそのまま示す数値であると言える。しかしながら、その後、林業には長期の不振、不景気がおとずれ、やがて国民の森林に対する意識も木材生産から環境保全に重きが置かれるように変化していった。こうした動静の中、さらに林業というなりわいよりも、森林の存在そのものに幅広くアプローチする学問体系を目指していく動きなども見られるようになり、90年代の初め頃より、かつての「林学科」から「森林科学科」、「自然資源学科」、「生物環境科学科」などの新しい名称に、各地の大学ではその看板を架け替える変化が訪れた。このことは、一般の方々にはあまり意識されず、知られていないことかも知れない。国公立の様々な機関、組織の名称が、時おり「改称」されるように、大学、教育組織でも時に名称の変更があるのだ。

　しかし「森林科学」「自然資源学」「生物環境科学」などの新たな名まえの学科にはなったものの、かつての「林学科」の潮流ももちろんそれぞれ継承されている。そうした新学科においては、「林業なのか、森林なのか？」「農学系なのか、理学系なのか？」「応用科学か、総合科学か？」「林業者育成か、森林理解者の育成なのか？」などの学科目的の大前提にいまだに頭を悩ませながら、ユニークなカリキュラムの編成をすべく各々取り組んでいるようにうかがえる。

　本章では、その中でも私が現在勤務する東京農業大学の例を取り上げてみたい。

4.1　東京農業大学における林学、森林総合科学の教育

　東京農業大学（以下、農大）は、子爵の榎本武揚（1836　天保8〜1908　明治41）によって1891年（明治24年）に創立された私学である。ちなみに、榎本武揚は、戊辰戦争の函館五稜郭での戦いで有名な人物であるが、明治政府では、逓信、文部、外務、農商務の各大臣も務めた人物でもあった。

　農大での林学教育は、林学専科が1947年（昭和22年）に創設されたことに始まる。その後、学科名称は林学科となり、1995年（平成7年）に森林総合科学科となった。2016年5月には学科創設70周年記念式典が挙行されている。

　「森林総合科学」の名称は、自然科学のみならず社会科学なども融合した総合科学としての学科体系を目指し命名された。創設時からこれまでに農大からは1万名以上の林学、森林科学の卒業生を輩出し、国内外で男女数多くの卒業生が活躍している。

　現在、農大の森林総合科学科には、森林生態学、治山緑化工学、造林学、林業工学、林産化学、木材工学、森林経営学、森林政策学研究室の8研究室があり、それぞれの研究室の名称がそのまま必修科目の名称にもなっている。各学年の人数は、編入学、学士入学の学生なども含めると、毎年140名の学生が学んでいる。

　私が本学科で心がけていることは、もともと農大の大学の教育理念自体もそうなのだが、実物、実地、実体験である。都心にある大学ではあるが、そうであるからこそ、なおさら実物や実体験を伴うように各講義、実習で心がけている。

　例えば、1年生の必修科目である森林学実験実習では、挿し木の実習に始まり（写真4.1）、農大敷地内の土壌を使ってのハンドソーティング（分類）の実習や（写真4.2）、樹木検索を行っており（写真4.3）、造林学、造林樹木学では、実際の苗木や各樹木の枝葉などを講義室に運び入れて学生に触れてもらっている（写真4.4）。

写真4.1　森林総合科学科1年生の挿し木実習

写真4.2　農大構内の土壌を使ってのハンドソーティング実習

写真4.3　樹木の検索、同定の実習

写真4.4　私の造林学、造林樹木学での講義：苗木や芳香水を講義室に運び入れている

4.2　農大における演習林実習の内容

　農大には、東京都の西多摩郡奥多摩村に演習林（面積は約 153ha）である。森林総合科学を学ぶカリキュラムのうち、この奥多摩演習林で学ぶ「演習林実習」（一）（二）」は、必修科目となっている。それでは、現在の農大・森林総合科学科における代表的な学びの例として、ここでは、その演習林実習について紹介する。

　まず入学した1年次の「演習林実習 (一)」では、1泊2日の日程で、主に森林の植物の分類や森林の成り立ちについて、森林の入門編として学ぶ。続いて2年時の「演習林実習 (二)」では、2泊3日の日程で、造林学を中心とした内容で、森林の造成、管理の手法を学んでいる。では、その演習林実習（二）の内容を表4.1に示す。

表 4.1　演習林実習（二）：造林学実習の内容

1日目	2日目	3日目
調査プロット設定 毎木調査（DBH 、樹高） 林分密度、間伐率計算 樹木検索、樹木テスト	土壌断面の調査、断面図の作成 間伐対象木の選定（樹形級） 間伐前後の樹冠投影図の作成 試験地散策 樹木検索、樹木テスト	間伐実習 （伐倒、玉伐り、枝払い）

　実習では、180名前後の学生が約60人ずつ、三つの日程に分けられ、夏休み中に実習を行っている（2015年現在）。60名の学生たちはさらに12人ずつ、五つの実習班に分けられ、またさらにその半分の6名ずつの小班体制に分かれ、10の小班で実習に取り組む。この10の小班を2～3名の教員（教授または准教授）で指導し、毎年3～5名の上級生（院生、または学部4年生）がその実習補助にあたっている。一度に60名の人数を動かし、総計180名が行う大人数での学生実習は、15人～30人定員の国公立大学の森林学科では想像できないことであろう。

　実習は、演習林のスギ、ヒノキ内に15×15mの調査プロットを設定するところから始まる（写真4.5）。設定後は、そのプロット内の毎木調査を行い、直径巻尺を使って胸高直径（DBH）を、測高器のブルーメライスを使って樹高測定を行う（写真4.6）。また、1／100

写真4.5　調査プロット設定（15m × 15mの大きさ）

の縮尺で、立木一本ずつの樹冠投影図を方眼紙上に描画し、林冠の混み具合を把握、検討する（写真4.7）。これらの毎木調査の結果から、林分全体の密度、材積を算出し、林分密度管理図を用いて収量比数（Ry）を求め、各プロットでの間伐率、間伐本数を求めていく（写真4.8）。翌日は、算出された間伐本数から、プロット内で間伐する立木を寺崎の樹形級によって選定し、樹冠投影図上で、間伐前後の林冠変化を考察する。ま

写真4.6　毎木調査（胸高直径、樹高の測定）　　　写真4.7　樹冠投影図の作成（縮尺は1/100）

写真4.8　林分密度、間伐率の計算（林分密度管理図）　　写真4.9　土壌断面図の作成

写真4.10　樹木検索、樹木テスト（計50種以上）　　　　　　写真4.11　間伐実習

た、林地での土壌断面を幅1m、深さ1m程度の大きさで調査し、断面層、土壌構造、土性などの断面図を作成したり（写真4.9）、演習林内にある修論、卒論試験地を散策したり、林内の植生調査を行うことなども適宜行っている。さらに毎晩25種前後の樹木検索実習を行い（写真4.10）、最終日には、実習のしめくくりとして、間伐の実習も行っている（写真4.11）。

　実習に取り組む学生の様子は、積極的、能動的に取り組む学生もいれば、「やらされている」「歩かされている」といった趣の学生もやはり見られる。しかしながら、全体的には昨今の都会育ちの学生の比率が高まってきているせいか「森林」「山林」での実習を体験することによって、本やアニメ、インターネット上のバーチャルではない、実物に触れる体験を大きく感じ、瞠目している学生が多いようにも見受けている。例えば、山道、作業路は足元が滑りやすいといったことから、林床のリターの多さやその香り、また土壌断面の層状の構造やそこに棲む生き物、そして伐採時の切り株からの芳香など、それぞれの場面、事象に対して「えー、そうなんだー、不思議ー」との大なり小なりの発見や、感動が各学生に得られている様子が毎年うかがえている。

4.3　演習林実習に関するアンケート調査の結果

　それでは、これらの実習に取り組む学生たちは、実習にどんな感想を持っているのだろか？実習後には、全学生、レポートを提出することを義務付けているので、個々の学生の思いや実習で得られたことなどをうかがうことはある程度できる。しかし、学生全体での反応はどうなのだろうか？

　そこで、2014年、2015年の演習林実習の終了後、表4.2に示すようなアンケート調査を行っ

表4.2　アンケートの質問項目

1. 最も興味深かった実習は何ですか？
2. 最も理解できた実習は何ですか？
3. 最も難しかった実習は何ですか？
4. 小班の適正人数は何名ですか？
5. これからの森林総合科学科での学びで最も役に立つ実習は何でしたか？

てみた。2014 年に 182、2015 年に 170 の計 352 の有効回答を得た。

「最も興味深かった実習は何ですか？」の回答結果を図 4.1 に示す。実習最終日に行った間伐実習が最も興味深かったと回答する学生が最も多かった。実際に立木を倒す経験は今回の演習林実習での体験が初めてという学生がほとんどであり、音をたててスギやヒノキが倒れるダイナミックな作業が特に印象深かったことがうかがえる。ちなみに、この演習林実習では、チェーンソーは使わず、伐倒はすべて手鋸で行っている。機械、動力なしに自分たちの手と体を使って木を倒すことから、その体験は特に印象深いものとして残るのかも知れない。

写真 4.12　伐倒作業の説明：実際に木を伐り、デモンストレーションを行う私

次に「最も理解できた実習は何ですか？」の回答結果を図 4.2 に示す。樹冠投影図の作成、樹木検索、間伐実習の主に三つの実習が理解できたとの回答が得られ、逆に、毎木調査、土壌断面図の作成、材積計算などの回答は少なかった。これらの結果からは、より具体的に体感でき、手応えのある実習内容の方が理解を促進することもうかが

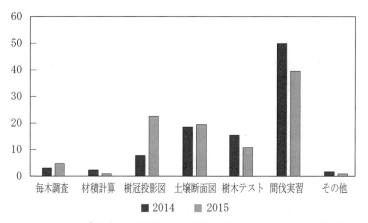

図 4.1　「最も興味深かった実習は何ですか？」の回答結果　（％）

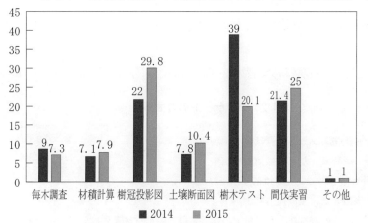

図4.2　「最も理解できた実習は何ですか？」の回答結果　（％）

えた。土壌断面図の作成なども、森林土壌をつぶさに実感できる実習であるはずではあるが、その回答率は低かった。理由としては、土壌を実際に眺めてはみても、土性や土質などを正確に判断し、記載していくことは難しかったことが表れているのだろう。

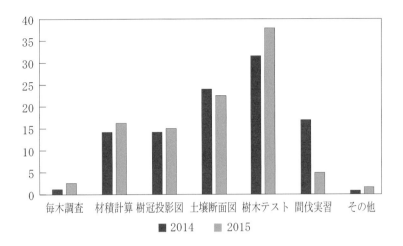

図4.3 「最も難しかった実習は何ですか？」の回答結果 （%）

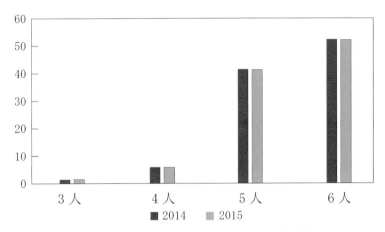

図4.4 「小班の適正人数は何名ですか？」の回答結果 （%）

次に「最も難しかった実習は何か？」の回答結果を図4.3に示す。樹木検索が最も難しかったと回答する学生が1/3以上いる。前述の図4.2の結果と合わせると、樹木検索は理解もできた実習でもあり、同時に難しい実習でもあったということのようだ。一人一人回答させるテスト形式をとったことも、その回答率の高さに反映されているかも知れない。以降、土壌断面図の作成、材積計算、樹冠投影図の作成が難しかったという回答になった。

次に実習での「小班の適正人数は何名ですか？」の回答結果を図4.4に示す。5〜6名が適正であるとの回答が多く、現在の実習体制が適当であることもうかがえた。現在の少人数による大人数の指導体制には、安全面をはじめ、理解、習熟度面でも常に大きなリスクを抱えているのだが、とりあえずは5、6人での小班形成によって、各グループでの学習は進行できそうである。

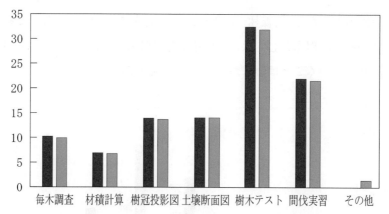

図4.5　「これからの森林総合科学科での学びで最も役に立つ実習は何でしたか?」（%）

　最後に「これからの森林総合科学科での学びで最も役に立つ実習は何でしたか?」の回答結果を図4.5に示す。樹木検索を選択した回答が30%以上と最も多く、続いて間伐実習、樹冠投影図の作成、土壌断面図の作成が続いた。樹木検索は、造林分野だけでなく、森林生態学、治山緑化工学、森林経営学など、同じ「森林総合科学」内のすべての分野の基礎となるものであろう。逆に材積計算の回答率は低い結果だった。ボリューム、財産としての山林の視点を高めていく工夫が必要であるとも考えられる。

　以上のアンケート結果から、現在の農大の森林総合科学科（2年次）の森林での実際の実習に対する印象を垣間見ることができた。しかしながら、これらの結果を見てあらためて感じることは、「総合的」に「森林」を理解すること、また教えることの難しさでもある。

　森林管理、林業は、基本的に長期間を要する事象であり、同時に様々な事象、因子が関連する。したがって、学生には、それらの事象、因子を少しでも理解してもらえるよう、個々の実習要素を有機的にむすびつけながら、指導することが肝要なところだ。それには、実習の流れもまた重要であることも、今回のアンケート結果を得て気がついたことである。森林は個々の樹木、植物、生物や土壌から成り立ち、それぞれがどのような状況、条件下にあり、変化をしているのか、またその森林と我々人間はそのように関係し、何を得ているのか、どのように今後も働きかけていくのか、などの視点を、実習初日から最終日までの流れでスムースに示すことができるよう、さらに工夫をしていきたいと思いを新たにした。

　また、指導者側からの面では、毎年60名前後の学生を夏期実習中に3回繰り返し指導することがミッションである。各学生の実習班の割り振り、部屋割り、日程調整、学生への連絡、全員の保険手続き、そして近年ではアレルギー性の食事制限の事前確認など、実習以前の雑務も多い。実習においては突発的な事故、急病対応、天候対応など、何よりも危機管理に多くの神経を要し、さらに、60名の学生が3回繰り返し使う適切な実習場所を設定すること自体も毎年の課題である。しかしながら、大人数での実習リスクは、私学の本学に課せられた基本的な課題であり、今後も抱えていくものだ。この課題に対しては個々の学生の自主性に依存するところが大である。また、大人数の実習でこそ培われるものもあると考えている。

演習林宿舎における集団生活でのマナー、送り方などの有形無形のメリットがある。8 〜 15名前後の大部屋で他人と数日間過ごすこと自体が、まず現代の学生にとっては一つの実習であろう。各学生の自主性をより発揮できるような明確なプログラムの実習カリキュラムを引き続き創案し、同時に学生の自主性を引き出せる魅力的な指導方法の研鑽に努めていきたいと思っている。

　さて、この演習林での実習を体験して、将来どれくらいの人数の学生が森林、林業を担っていくのだろうか？森林、林業関連の仕事として、木材や住宅関係、製紙業、森林関係の公務員なども含めると、約半数の学生が森林、林業の担い手になっている。また、純然たる林業経営者、従事者となる学生は、数パーセントである。しかしながら、その数字は決してゼロではない。現在、長期の低迷が続いている林業界ではあるものの、新しい芽は毎年生まれているのだ。それはあたかも、閉鎖された林冠下の陰鬱とした林床の条件であっても、逞しく発芽して、生長をしていく稚樹のようでもある。八方ふさがりの環境であっても、新たなエネルギーは常に生まれている。「都会のビルやオフィスではなく、森林で働きたい」「自分の手で森林を管理していきたい」そんな希望を持つ学生が毎年確実に存在する。これほど嬉しく、頼もしいことはないのではないだろうか。

4.4　造林学研究室におけるゼミ実習

では、次に各研究室での実習の様子もみてみよう。

　東京農業大学地域環境科学部森林総合科学科（現在の定員は約 140 名）では、3 年次より8 つの研究室に分かれて、毎週のゼミ（専攻実験実習）や、野外調査活動、そして卒論研究などに取り組む体制をとっている。ここでは、私の造林学研究室での 3 年次における実習、学習の内容を紹介してみる。

　造林学は森林生態、樹木生理、森林土壌、森林美学などの幅広い分野と関連する学問・研究体系である。このことから、造林学研究室における実験・演習でもそれら様々な分野と関連づけた調査・研究の各手法を学んでいる。3 年生はそれらの実習を行いながら、前期の終わりには自分が興味を持つテーマについての課題研究を行い、後期終了時に自分の卒論テーマを決定していくというカリキュラムを作成、実施している（表 4.3）。

　ゼミ実習の具体的な内容としては、構内の樹木観察からスタートする。その後、世田谷区内、都内の緑地公園などにおける樹木や天然性稚樹の観察を行い、やがて奥多摩演習林や各地にある造林学研究室の試験林（富士、山梨）に出かけていく。そして地域の山林へとさらに活動範囲を広げ、多角的な視点から調査、考察を行う、フィールド主体の学びを中心としている。

　種子、挿し木などの育苗から森林環境の樹木、土壌、動物の調査・研究に至るまで、研究

室で学ぶ対象は幅広く「歩く」「考える」「育てる」の三つをモットーともしている。また研究室では、現在の日本の森林・業の課題、問題点を踏まえ、課題解決能力を養うこともこころがけているが、野外調査、フィールドワークが中心となるため「体力」「感性」「知性」「チームワーク」の四つが重要な活動要素となっていると言える。

　これらの実習を通して、育苗や身近な樹木観察から、森林施業までの幅広い対象について学ぶことを目指しているが、当の学生の反応はどうだろう。
　例えば、4月は挿し木実習などの育苗と並行して、世田谷の街路の樹木観察の散策も行っている。これによって、樹木を知るだけでなく、実は都市部であっても、自然の力で種子はまかれ、樹木はあちこちで芽生えていることを学び、それは各地の森林での林床の植生調査にもつながっていくのである。そのため、特に樹木実習、植生実習には力点を置いている。これらの様々な実習の積み重ねから、「森林、樹木がさらに好きになった。ディズニーラン

表4.3　造林学研究室におけるゼミ実習のプログラム

	ゼミ内容	備考
第1週	造林学研究室での学び：森林施業・森づくりを中心とする研究室 造林学の課題、各自の課題研究について、基本的なマナー、礼儀 構内の樹高測定、樹木観察（天然更新）	☆
第2週	現在の育苗の課題 温室・養苗場所の整備、挿し木苗の養成	☆
第3週	馬事公苑、世田谷城址、豪徳寺、世田谷八幡での樹木観察、3年生歓迎会	○
第4週	収穫祭文化学術展での造林研の出展・発表について	
第5週 第6週	4年生　卒論所信発表	3,4年合同
第7週	奥多摩演習林（宿泊実習）：調査プロットの設定方法、測量、毎木調査、試験区での林分密度管理、林床植生の調査、森林土壌の調査方法、樹冠投影図、人工林、広葉樹二次林の散策	○◎
第8週	調査データのまとめ方、レポートの書き方、各自の課題研究発表について 森林の物質循環：土壌pH 樹高、葉緑素SPADの測定、相対照度（光量子）の測定	☆
第9週	「青梅の森」での林分調査実習 （落葉広葉樹二次林、ヒノキ・ヒサカキ林）	○
第10週	大学院・所信、中間発表会	3,4年生 院生参加
第11週	富士試験林での調査（宿泊実習）ヒノキ天然更新、植栽広葉樹の成長測定、試験区における天然更新樹木の調査、林内照度測定	○◎
第12週	山梨県小菅村での実習：放置林、広葉樹二次林での風致評価、広葉樹植栽試験地	○
第13週 第14週	課題研究（樹木、育苗、造林、森林、林業地などについて）の発表 一人発表5分＋質疑2分	
第15週	樹木テスト（100種前後）、前期納会	○

＜後期の主な予定＞　☆実験実習　　○学外での実習　　◎1泊2日の実習

第1週	夏休みをふりかえって：砧公園の樹木観察	○
第2週	奥多摩演習林試験区での調査・実習（林分成長量） 森林における季節変化 挿し木苗の成長測定、データの取り扱い、研究倫理について	○◎
第3週 第4週	4年生　中間発表	3，4年合同
第5週	収穫祭・文化学術展の出展準備	○
第6週	収穫祭をふりかえって 文献検索、学術論文、海外文献の読み方、造林学での統計手法	
第7週	挿し木苗の成長測定、データの取り扱い、研究倫理について	☆
第8週	民有林での調査	○
第9週	明治神宮・代々木公園での樹形の調査	○
第10週	世田谷区内の緑地での調査・実習	○
第11週	常緑樹木の植物色素の実験、休眠（積算温度、休眠打破）の実験 クリスマスと樹木・森林、ケルト＆ゲルマン文化	☆
第12週	新木場：木材・合板博物館、銘木店見学　造林と材質、市場価の関係	○
第13週 第14週	自分の卒論希望テーマ（継続研究、新規研究）についての発表	
第15週	4年生卒論発表会、後期納会	3，4年合同

ドにデートで出かけても、植栽樹木が気になった」「自分はやはり森林の現場で働いていきたい」という学生もいれば「もう森林、樹木は、おなかいっぱい。私は室内実験でしのいでいきたい」という学生もいるかも知れない。しかしながら「以前よりも樹木が気になるようになった。道を歩いていても、この樹種はなんだっけ？、と考えている自分に気づく」、「電車に乗っていても、森林の風景に目が行くようになった」など、森林をより身近に考え、感じることができるようになった学生はやはり多いようであり、この点もまた嬉しく感じると

写真4.13　世田谷の街路における自然散布由来の樹木観察

写真 4.14　イチョウやポプラを供試材料にした挿し木の実習

写真 4.15　葉のクロロフィル量の測定（左）と、照度測定（右）の実習

写真 4.16　奥多摩演習林での測量プロット設定実習

写真 4.17　スギ林床の植生調査

写真 4.18　森林土壌のｐＨ測定実習

写真 4.19　ヒノキ林床の植生調査実習（青梅市）

写真 4.20　植栽試験区における植生調査（富士試験林）

写真 4.21　約 200 樹種以上の樹木テスト

写真 4.22　放置林における風致評価

写真 4.23　間伐実習（奥多摩演習林）

ころでもある。

　この造林学研究室における、最近の卒業論文の例としては、

- ・人工針葉樹林群状間伐区における植栽広葉樹の生長特性
- ・奥多摩演習林内の標高の違いによるミズナラ林の豊凶周期

写真 4.24　都市公園内での自然散布樹木の調査

（左）枝葉を一度凍らせた後、ふたたび解凍して作成した芳香水
（中）マルバアオダモの木材部の蛍光反応
（右）様々な樹木の枝葉を調理し、その結果を載せた自主製作本「きょうの樹木」

写真4.25　課題研究の例

写真 4.26　収穫祭での展示発表

・ヒノキ人工林における間伐率の違いによる窒素無機化速度

・シカの低嗜好性樹木オオバアサガラの萌芽・更新特性

・野生動物が樹木の実生更新に与える影響

・異なる芳香蒸留水の施用による挿し木苗木の生長比較

・放置モウソウチク林の保育・整備手法

・広葉樹のアレロパシーの研究

・外生菌根菌と樹木の生長の関係

・施業別による林内空間の色彩の違い

などのテーマのものがある。いずれも、やはり育苗から森林施業までの幅広い研究対象のテーマとなっている。

　また、その調査対象地も幅広い。奥多摩演習林、富士試験林、小菅試験地をはじめ、各地の私有林にもおじゃまさせていただき、調査を行っている。

　例えば、自宅に竹林を持つ学生の場合は、その竹林を卒論研究の調査地としたり、また森林整備の依頼を受け、その森林整備作業を卒論研究したりする場合もある。

　それでは、造林学研究室では、将来どれくらいの人数の学生が森林、林業を担う職に就いていくのだろうか？年によって変動はあるものの、前述した学科全体の進路同様に、おおむ

写真4.27　自宅の竹林での卒論研究の様子（2014年　千葉）

写真4.28　都内の学校より、委託された森林整備作業の様子（2018）

写真4.29　農大OBの山林をお借りしての枝打ち研究（2019）

左：奈良県川上村の300年生のスギ人工林（2015）
中・右：日本最古のカラマツ人工林：長野県小諸市（2014）
写真4.30　研究室旅行

ね毎年、過半数以上の学生が、木材や住宅関係、製紙業の仕事や、森林関係の公務員となり、森林、林業の担い手となって巣立っている。これは十分に誇れることである。また、もちろん純然たる林業経営者、従事者となる学生もおり、最近では女子学生でも森林現場で働く卒業生があらわれてきた。このような森林、林業現場で活躍する新たな人材を継続して育てていくためには、何が必要だろうか？それは私自身がほかの誰よりも国内外の森林に出かけ、森林に親しみ、森林で活動し、森林で学び続けることである。また、猫の額ほどの山であるが、私自身もまた山林を信州に持っている。例え拙く、ささやかであっても、自分自身がまず実践をしていくこと。このことを研究室では一番に心掛けている。

4.5　ミシガン州立大学・林学科での講義・実習

ここまで東京農大での森林教育の様子を垣間見てきたが、それでは次に、海外の大学における森林教育はどうなのだろう？ヨーロッパのドイツ、オーストリアなどにおける森林・林業教育が著名なところであるが、ここでは、アメリカの大学における事例を紹介したい。

2017年8月21日〜10月21日の2か月間、私はアメリカ・ミシガン州立大学（Michigan

State University：ＭＳＵ）の農学部林学科（Department of Forestry）に滞在し、講義、実習を担当した。

　私の所属する東京農業大学とＭＳＵは、1966年に姉妹校の締結を行い、2017年で51年間の交流の歴史がある。この間、農大から長期、短期の留学生のほか、教員も依命留学を毎年しており、ＭＳＵの教員もまた定期的に農大を訪れている。しかしながら、農大の教員がMSUで講義、実習を開講し担当するのは姉妹校交流の歴史の中で、私が初めてのケースとなった。ちなみに、私自身は今から30年以上前の1986年度にも、1年間の長期派米留学生として、同大学に留学した経験がある。

ミシガン州立大学について

　MSUは、1855年にアメリカ国内初の州立農学校として創立された。粘菌研究をはじめ博物学者の熊方熊楠は、その農学校時代に一時期在学していたことがある。

　キャンパス内には緑が多く、またそれらの樹木、緑地は積極的に保護され、わが農大も大いにモデルとするべきところだと痛感した。

　学内を流れるレッドシーダー川の四季を通しての風景はとても綺麗だ。30年前は、夏はボート遊び、冬には氷上でのスケートやスキーが楽しめたが、数年前に学生の川での事故があってから、保護者からの抗議を受け、それ以来、すべての遊びが禁止となってしまっているとのことである。学生をめぐる保護者の事情は、日米でもさほど差異がないようだ。

キャンパスそのものが樹木園であることをうたって　おり、緑地、樹木の積極的な保護もすすめられている。

写真4.31　ＭＳＵの緑の濃いキャンパス風景

MSUの応援歌Fight Songにもこの川が登場する

写真4.32　学内を流れるレッドシーダー川の雄大な眺め

写真4.33　（左）林学科のキャビン記念碑

（右）20世紀初頭建築の旧林学科の校舎

MSU の林学科（Department of Forestry）

MSU の林学科は、1902 年（明治 33 年）に創設され、2017 年で 115 周年を迎えた。全米大学の中でも林学伝統校の一つである。時代の変遷とともに、学科名称を Forest Science などに改称することは日本だけの問題ではなくアメリカでも多い。しかし、胸襟を正して、現在なお Forestry の学科名をMSUでは掲げ続けている。その姿勢にも、わが農大も大いに学ぶところがあるだろう。

MSU の学生は 2 年次に林学科を専攻とすることを決定し、毎年 15 ～ 20 人程度の学生が林学科に志望している。この数は 30 年前とほぼ変動がない。それに対して、教員は約 20 人＋数十名の教育スタッフがおり、学生の教育指導を行っている。

学科の会議は毎月 1 回。各教員の担当授業科目数は、1 年に 1 ～ 1.5 科目程度で、日本の大学と比べると、授業の負担は極めて少ない。MSU は研究大学であることをうたっており、MSU 林学科教員の公募条件を見ると「研究 50％、授業 30％、その他への貢献 20％」が定められている。ちなみに、私は生まれつき会議が大の苦手であるが、農大では毎週、学科会議がある。

MSUの林学科の学生の森林・林業関係への就職率は、毎年 80 ～ 100％の高水準を誇っている。その中

ミシガン州全土が6ブロックに分けられ、管理されている

写真4.34　林学科のエクステンションサービスの地図

で珍しい就職先としては、ミシガン州内の割りばし工場もあるそうだ。30年前のある授業で、「日本人は、割りばしを作って、木材を無駄遣いしている」と習ったことがあり、その先生に、私は、割りばしは誤解を受けることが多いけれども、端材を活用して作る有効活用の製品であり、日本の伝統工芸の一つであることなどを説明したことを思い出したが、今やその割りばしがミシガンでも作られているわけである。隔世の感である。

　また、MSU農学部には、州内の農家、林家の相談を無料で受けるエクステンションセンターがある。例えば、「うちの農場の化学分析をしてもらいたい」「うちの森林の経営指針を指導してもらいたい」などのリクエストを農家、林家から受けその対応も行っている。州立大学であることから、州の農林業の振興に寄与する使命もきちんと果たしているのである。

　林学科では、独自に公開講座も伝統的に設けており、滞在期間中、私も一講座を担当した。参加者は、学部生、院生、教職員のほか、一般の市民も参加できる。2013年2月にも同講座を私は担当したことがあったが、森林・樹木に関心を持つ参加者が多く、質問もとても活発なことが印象深かった。日本でも、森林・林業に関する公開講座は各地で活発に行われるようになったものの、「低迷」「不景気」「先行き不透明」などのネガティブな要素が基盤になることが多いことに対し、ミシガンでは森林・林業に対する考え方、姿勢が基本的にポジティブであり、大きな可能性を持った「天然資源」であるととらえられているように感じた。

　さらに、林学科のユニークなこころみでは、学科所有の大きな木工所を講義棟の地下に持ち、学内や地域で発生する風倒木、樹病被害木、枯死木などを有効活用してテーブル、椅子、タンスなどの家具製作をする「MSU　Shadow」という取り組みがある。廃材利用、エコ利用といったところだが、大学、学生が損得なしで丁寧に仕上げる材には定評があり、また廉価である。こんなところにも、ＭＳＵの実学主義が表れているといえよう。

　ちなみに「MSU　Shadow」とは大学学歌の名称でもある。

写真 4.35　市民にも開かれた林学科の公開講座（事前申し込み不要、無料）

写真 4.36　地域の倒木、枯死木などを有効活用し、木工品を製作する「MSU Shadow」のこころみ

　概して、林学科の学生は素朴で、親切であり、真面目な学生が多く、これらの点は農大生とも共通している。スマホの使用が多いこともまた共通しており、廊下に座り込んでスマホをしている学生も毎日見かけた。このあたりは、アメリカの学生の方がお行儀が悪い。

　授業は朝8時から始まる科目もあり、早朝7時前後から学生は各講義棟に登校してくる。朝早い教室に何人も学生が来ていて感心だなあと思い、よく眺めてみると、そうした学生の大半は、教室で急いで宿題を済ましているらしかった。けれども、普通の学生は、各学生寮で毎日よく勉強しており、寮の勉強室は連日終夜で電気が灯っている光景も眺めることが多かった。

　なお、大学新聞のState Newsに私の記事が掲載された。その記事では、林学科はもとより、MSU全体でも、かつての留学生が教員として戻ってくること、また海外からの教員が授業を担当するケース自体がそもそも稀であり、MSUと農大との絆がさらに強くなった、などのことが林学科学科長のコメントを添えて、紹介されていた。

　林学科の研究室は、日本の大学のように、各研究室に教授、准教授、助教が配置されると

林学科の学生　　　　　　　座りスマホが多い！

写真4.37

写真4.38　MSUの大学新聞State News
9月18日付　記事　31年前の私の写真が使われた。

2015年のIUFRO大会でもお会いした方である。部屋の内装は、サクラ材。林学科教員の各部屋の内装は、材鑑にもなっている。

写真4.39　林学科学科長のRichard Kobe教授。森林生態学がご専門である。

いう「講座制」ではなく、各学生に指導教員がつく形になっている。そして、その学生の必要にしたがって、実験室（研究室）が利用されている。ちなみに、各教員の部屋と学生の居室は完全に分離され、位置している。また、林学科の教員の部屋は、各部屋の内装が異なる樹種の木材で作られていた。

ここ数年の林学科には優秀な学生が多いとのことで、GPA3.5以上の学生を「学部長リスト優秀学生」と呼ぶそうだが、約4割の学生がGPA3.5以上とのことであった。これはかなり優秀な学生集団であるといえる。また、大学院生の数が増え、ここ4年間で75％増加したとのことであった。

MSU林学科の授業・実習について

今回、私がMSUで担当したのは、「For 491:Forest amenities and forest therapy」という新規科目で、単位数は3単位であった。3単位が、同大学では通常の科目の単位数である。授業は月、水、金の週3回行った。

授業は毎回、天然資源棟（Natural Resources Building）の教室で行ったが、各教室には日本の校舎のような窓がない。

基本的に授業では、農大にいる時と同様に毎回パワーポイントを使用しながら、毎回黒板も使った。その黒板は、文字通り、本当の黒い板であった。黒板、チョーク共に書き味がすこぶる悪く、いつも不鮮明で、後味の悪い思いをすることも多々あった。また、鉛筆や消しゴムなどの文房具でもあまり良いものがなく、困っていると「これ使いやすいよ」と同僚が手渡してくれたのは、なんと日本製の消しゴムであった。

写真4.40　私が講義を行った教室

写真4.41　教室の真っ黒な黒板。チョークはかなり太いものもある。いずれも書き味は最悪。

写真4.42　構内演習林　（オーク、ブナが高木層を占める広葉樹二次林）

写真4.43　林床によく見られるサ
トウカエデの群落

写真4.44　森林土壌A層の砂土

　授業では毎回、その日の学習内容を冒頭で示し、パワーポイントで説明する。質疑応答の時間ももちろんとるが、学生はもし質問があればいつでも挙手をして質問をしてくる。

　授業と並行して、大学の構内林も積極的に利用し実習を行った。キャンパス内には、Baker woodlot と Stanford natural forest の二つの構内林があり、共に面積は約 70 エーカー（約 24ha）ほどであった。オーク（Quercus）、ブナ（Fagus）、カエデ(Acer) を中心とした落葉広葉樹の二次林（人が一度手を入れたことがある森林）であり、一部にマツの植栽林もあったが、いずれの林床にも、sugar maple（*Acer saccharum*）が多く群生しているのがよく見受けられた。

　土壌は、A 層が砂土、B 層が埴土（粘土）で、一般に貧栄養の土壌であり、これはミシガン全土でもほぼ同様である。

　こうした構内林での実習では、
・枯死木の樹種とその理由
・森林の遷移と循環
・林分の垂直構造の特徴
・複層樹冠の理由
・林間の見通しの心理効果

・通直樹幹の樹木の生長の理由

・倒木の根系からの土壌の考察

・森林カウンセリングに好適な場所

などについて、学生に逐一質問しながら、考察をするという姿勢で毎回臨んだ。

　ちなみに31年前、私はこの森で森林生態学の授業も受けたが、当時あった皆伐区や、土壌断面図作成実習をした場所などは跡形もなくなっており、綺麗な広葉樹二次林に生まれ変わっていて、31年の時の流れを痛切に感じた。

　構内林の一角には、「ミシガンの林業の父」といわれるジェームズ・ウイリアム・ビール（James William Beal）が、1896年（明治29年）に植栽したWhite pine（*Pinus strobus*）の林分もある。1890年代の終わりには、ミシガン州内の天然生のマツの巨木林はほとんど伐り尽くされてしまったことから、ビールは、植林の重要性も早くから指摘し、その実践を率先して行った。彼は植物学および林学の教授として、46年もの長きを勤め、大学の博物館教育の重要性についても指摘した人物である。

写真4.45　ミシガンの林業の父と呼ばれるWilliam James Bealが1896年（明治29年）に植栽したマツ林

　写真4.47の木で直径と樹高を測定する。けれども、学生は、はじめは測樹道具を渡されず、自分たちの工夫で、正確に樹高、直径をはかる方法を考察することが最初の問題として課される

　キャンパスには、構内林だけでなく、緑地も各地に複数個所あり、講義棟からもアクセスがしやすいため、授業での説明した内容を、次回の授業では構内林で実地に復習、確認することができ、さらにその実習のフィードバックを次回の授業で行うこともできたの

写真4.46　樹木実習（dendrology）の実習風景（林学科2年生）

写真4.47　測樹学の実習用の木

で、隔日間隔で、「授業→実習→授業」のループを作ることができた。新鮮な記憶のうちに、座学と実地での実習を交互に繰り返すことができるのが構内林を持つ大学の強みで、この点が演習林での集中実習と座学とが乖離しがちな日頃の自分の授業とのギャップを感じさせた。

写真4.48　野外カウンセリングの実習での様子

　また、授業における学生への課題には、各自の地域の森林、緑地についてのレポートやプログラム作りなども課した。インターネットからコピーペーストした安易なレポートは皆無であり、各自で実地に足を運び、自らの考察、意見、工夫を述べたレポートになっていたことはMSUの学生の真面目さを再認識させた。

写真4.49　構内の樹木を使って、アロマ・ウォーターを作る実習

写真4.50　最終プレゼンテーション（教室）の様子　写真4.51　最終プレゼンテーション（構内林：実地）

　1年次の基礎教育科目、必修科目などできちんとトレーニングされているせいか、各学生の基礎学力はしっかりと身についており、生物、化学、数学、芸術などの様々な内容にも、着実についてくることができる。また、自分の意見をしっかり言うことのできる学生が大半であるため、しっかりとした議論が毎回できた。なお、学生の成績評価は、課題レポートと、プレゼンテーション（室内、森林）で評価を行った。

　今回担当した「Forest amenities and forest therapy」は、MSU 林学科ではもちろん初めての科目であったのだが、実際おこなってみると、日本の森林・樹木の様々な身近な材料が、アメリカでは新鮮な教材になることを実感した。例えば、ヤマグワから桑茶を作ることとその成分、効用、またサクラの花で桜茶をつくることなどがミシガンの教員にとっても初めて見聞きすることであり「very interesting！」ということであった。森林療法についても、身近な森林を活用した健康増進、社会福祉利用、医療利用の各事例などが初めて見聞きする

ことで、アメリカで今後大きな可能性を持っているという感想を聞き、今回の開講の意義が
あったことを確認した。

ＭＳＵ林学科　その他

現存量調査や樹幹解析のサンプルが置かれている。
日本の大学の森林学科の研究室とほとんど内容は同じだ。

写真4.52　Forest science labの様子

学生部屋　　　　　　　　　　私の研究室

写真4.53

　林学科には、科学実験室、土壌化学分析室、GIS演習室などの共同部屋があり、主に院生
が使用し、その管理も院生が自主的に行っている。

　学生の居室と教員の部屋は完全に分離しており、学生が教員と話をするには、事前のアポ
イントメントが必要である。また、このことによって、各教員は自分の時間が基本的に守ら
れているともいえる。

　また、短期間とはいえ、講義も実習も担当する教職員（Faculty）であったため、職場の

研修会なども受けたし、学長からの緊急メールを受け取ることもあった。

　職場の研修会では、アカデミック・ハラスメント、セクシャル・ハラスメントなどの研修であったが、差別的な表現にかかわる禁止事項もあり、人種、性別だけでなく「肥満」を口にしてはいけないという条項もあった。現在、アメリカでは国民の約 3 割が肥満傾向であるともいわれ、「肥満」はいまや国民的な生活習慣病の一つとしても位置付けられていた。

　林学科のパンフレットにも様々ものがあった。2017 年現在のキャッチフレーズは、「Make the difference」。物事に対する分別の知力とともに、豊かな多様性を持つ学科であることを

写真4.54　林学科のパンフレットの数々　様々なタイプのものが毎年つくられている

示している。また、MSU では、林学を主専攻として他学科を副専攻とすること、逆に、他学科を専攻する学生が林学を副専攻とすることも可能である。

　なお、MSU の林学科にも同窓会（almuni）があり、大学でのフットボールの試合開催日など、卒業生が集まる機会に開かれている。日本の大学と異なるところは、同窓会長は、卒業したての若手がつとめているところである。「○○年卒」「第○回生卒」など、数十年

写真4.55　林学同窓会の様子。若手の卒業生が会長をつとめ、爽やかであった。

前の長老の大先輩が同窓会を重々しく取り仕切る日本の大学の同窓会の雰囲気とは異なり、森林・林業界に出たばかりの若者がホスト役をつとめる同窓会は、とても爽やかで好ましく感じられた。

ホストファミリーについて

　31 年前の私の留学時には、派米留学の農大生は、計 3 軒の農家に 1 か月ずつ、計 3 か月ファームステイする、ホストファミリー制度があった。私もミシガン州内での自伐林業家、

写真4.56　31年来の親交のあるホストファミリーとクリマスツリー農場

写真4.57　日本からのお土産で、今回最も好評だったのは、農大の酒

酪農家、そしてクリスマスツリー農場の３軒に滞在した。そのうちの最後のクリスマスツリー農場の家族とは一番馬が合い、また初めから家族の一員のようにしてくれたこともあって、その一家とは30年以上経った今でも親しくしている。今回は、私のMSUのアパートにその家族を招待し、手作りの料理を食べてもらい、お揃いのMSUの帽子をかぶってもらい、林学科の同窓会にも招待しフットボール観戦もした。30年以上にもわたっての長期間親交を深めているホストファミリーの事例は、MSUでは他にないとのことである。また、ホストファミリーにとっても、かつての日本の息子が教員として MSU に戻り、授業を持つようになったことがとても誇りのようであった。別れ際にいつもの「son」が、「sir」にかわったことにも、ぐっと胸に迫るものがあった。

　以上、わずか２か月間のミシガンでの滞在、講義であったものの、週３回の授業実習はとても楽しく、日本いる時よりもストレスが少ないくらいであった。これは、やる気と集中力、コミュニケーション能力のある学生と、しかも少人数での実施が出来たことがその理由である。逆に言えば、大人数の教室でところどころにスマホを眺めている学生集団を相手の講義はストレスが蓄積しやす。また日米の森林・林業界の差異だけでなく、共通点も強く感じた。それは、森林、林業には、自然を相手にした大きな夢と、ヒューマニズムがあるということである。それは、一時の経済の変動など、人間社会の営みを超えたものである。森林と人間との間には、経済、お金などを超越した、揺るぎのないつながり、絆があるのである。そのことを、ミシガンの地でであらためて実感することができた。

―――― コラム　「森林研究あるある」　お酒 ――――

　森林・林業関係では、とかくお酒が関係することが多い。いわゆる「飲みニュケーション」である。しかしながら、私は全くお酒を飲まない。もともとお酒を飲まなかったわけではない。長野県の農業高校の教員だった30歳までは、毎月の職場の飲み会の幹事もし、お酒の席にも付き合っていたのだ。でも、誠に残念ながらとうとう一回も気持ちの良い飲み会、お酒には出会うことがなかった。30歳を機に、以降はお酒を飲まない生活にし、現在もとても幸せである。「お酒が嫌いなんて、不幸ですね」という呪いの言葉をかけられることがあるが、私に言わせれば、お酒がないと幸せになれず、コミュニケーションができないという方が不幸である。また、私はお酒の美味しさ、価値、文化を否定しているのではない。世界各地に素晴らしく美味しいお酒があることを知っているし、私自身もその美味しさがわかる。お酒はその地域の文化、歴史でもあり、これからも恒久的に伝承されるべきものであると思う。しかしながら、自分の人生では、お酒はさほど重要ではない。

　「酒を酌み交わしながら、学問は語り合うものだ。ディスカッションのためにお酒を飲むのだ」という言葉もよく聞く。けれども、私の場合、お酒を飲みながら有意義な学問の話をする人、感銘を受けるような人には、残念ながらごくわずかしか出会ったことがない。

　2019年3月に新潟で開催された日本森林学会のダイバーシティ推進委員会主催のワークショップでは、「懇親会と言えば、学会でもお酒、酒宴だけれど、それって実は変なのではないだろうか？」という意見があり、とても嬉しかった。

　実際、森林、林業家であっても、お酒を飲まない方はいるし、さらに研究者となると、お酒を飲まない人は意外に多い。

　研究室によっては、研究発表会よりも、むしろお酒の席への全員参加を強いるとこ

造林学研究所での懇親会（3年生歓迎会）

懇親会での私の手作りフルーツゼリー

ろもある。お酒で人生が決まるというパワーポイントを、ある教員のゼミで見たこともあるくらいである。さらに、新規教員の採用面接の際、学術業績よりも「あなたは、お酒は飲めますか？研究室で飲みニュケーションができますか？」という質問をした教員もいた。しかしながら、私の研究室では、少なくともお酒が基本だ、お酒が社会を廻しているという姿勢や雰囲気は避けていきたい。実際、「お酒強制の雰囲気がなく、この研究室に入りました」「お酒が強制でなかったので、ありがたかったです」という学生もいる。禁酒体制を私はとっているわけではない。お酒は好きな人が飲み、そうでない人は飲まずに過ごせばよい。いたってシンプルなことである。

参考文献

(1)　上原　巌（2016）東京農業大学・奥多摩演習林における造林学実習の紹介．森林技術 889：24-27.

(2)　Iwao UEHARA, Megumi TANAKA, Izumi SUGAWARA（2016）Prospect and subjects of silviculture training at practice forest of Tokyo University of Agriculture. 中部森林研究 64：21-24.

(3)　Iwao UEHARA, Megumi TANAKA, Izumi SUGAWARA（2017）Seminar and practice of Silviculture Laboratory of Tokyo University of Agriculture (TUA). 中部森林研究 65：55-58.

(4)　上原　巌（2017）ミシガン州立大学・林学科での講義・実習を担当して（上）．森林技術 910：28-30.

(5)　上原　巌（2018）ミシガン州立大学・林学科での講義・実習を担当して（下）．森林技術 911：32-33.

(6)　上原　巌（2018）ミシガン州立大学森林科での森林療法の講義・実習　連載「森林と健康－森林浴、森林療法のいま－"第 10 回．森林レクリエーション 375：4-8.

第5章 希望の萌芽：各地での市民の森林活動

　林業が低迷、不景気であると言われてから久しい。伐採をしても、搬出その他の経費はもとより、木材の材価そのものが依然として低いため、各地に育成、保育をあきらめ、放棄した山林、いわゆる放置林が数多く見られるようになった。この点において、今日、放置林の見られない都道府県は一つもないことだろう。こうした日本の各地の山林の行く末、未来を心配、危惧する人も数多い。こうして考えてみると、日本の各地の森林（人工林）は次第に暗く、ますます陰鬱な様相を帯びていっているようにも思える。しかし、どのようなことにも希望の兆し、幾筋かの光明はあるものである。では、日本の森林にとっての希望の兆し、光明とはなんだろう？

　本章では、そのひとつの表れとして、各地における市民活動の事例を取り上げたい。森林に関わる市民活動、ボランティア活動はこれまでにも各地で数多くのこころみがなされてきている。しかし、「しょせんボランティアはボランティア」「彼らは山を知らない」「素人に日本の山林の何ができる？」といった批判も数多い。けれども、本当にそうした市民活動はどれも実を結ばない、箸にも棒にもかからないものなのだろうか？市民が地域の森林に興味関心を持ち、何らかの活動、行動を起こしたいという思いを持つ際には、必ずやそうした思いをもたせるだけの何かが森の中に、また人々の心の中にもあるはずである。日々の山仕事に従事されている実際の林業家の労苦のない分、さらには予備知識や経験もない分、より純粋に森林に相対することができるのも市民の特徴であるかも知れない。そのような市民には、「コロンブスの卵」のようなひらめきも降臨してくるかも知れない。

5.1「放置林」の活用

　それでは、まずはその市民活動の例として、各地で私が取り組んでいる保健休養のための森づくりのワークショップの事例を紹介したい。

　全国津々浦々に、戦後の拡大造林の際に植林されたのち、適切な手入れが次第にされなくなり、現在はなかば放棄されてしまっている「放置林」がある。現在、複層林施業、針・広混交林、広葉樹林化などの様々な国の施策と課題があるが、放置林はいわばその各施策の裏の存在、陰の存在といってもよい。前述したように、森林・林業には様々な課題があり、またそれは表立った問題、華々しい問題もあれば、日の当たらない問題もある。放置林はその後者の存在なのであるが、私自身はこの放置林に強い思い入れを持ち、自分のライフワークの一つにもしているところである。

　さて、その放置林と保健休養は一般にはなかなか結びつけにくいところであるが、実は各

地の放置林を保健休養で活用できないかという要望は存外に多いのである。もとより私らの森林療法では、「森林と人間がともに健やかになること」を謳ってきた。われわれ人間同様に「病んだ森林」が、その地域にもしあれば、その森林の健康回復をはかり、同時にその健康回復のためにおこなう森林作業が、すなわち私たちの作業療法やリハビリテーションになる。しかもそれらは特別なお金をかけずにできることが、森林療法の特徴的なコンセプトでもある。とどのつまり、放置林は、「森林療法」の格好のフィールドの場の一つになりうるのだ。とりわけ、長年にわたって放置された暗いスギ、ヒノキ林は、間伐作業によって、その明るさの回復を目の当たりに、わかりやすい手応えとして実感でき、意外にも療法の場として好適なケースも多い。けれども、ここで勘違いをしないでいただきたいのは、「放置林」と「保養地」との混同はしないでいただきたいということである。あくまでも、作業療法や、居場所づくり、自分づくりとしての放置林の活用であって、放置林が一足飛びに健やかな保養地となったり、村おこしにつながったりするわけでは決してないことを付言しておく。

5.2　福岡県八女市でのワークショップ「自分の居場所をつくる」

それではまず、福岡県八女市における事例から紹介しよう。八女市は、その名を冠した八女茶の発祥地、産地として、全国的に名高いところである。その八女市では近年、森林環境を活用した保健休養の活動にも取り組み始めた。私は、2015年に同市のNPOから、放置林を活用した保健休養の活動ができないかと相談を受け、以来、放置林内に休養空間をつくるワークショップを行ってきた。

写真5.1〜5.4は、その2015年のワークショップでの写真である。あらかじめ踏査をして雑然とした林分を一つ選んでおき、そこをワークショップの場とする。参加者には、その場所に保養、休憩空間をつくることをはじめに説明しておく（写真5.1）。次に、4人くらいのグループをつくり、それぞれグループ単位で林間に入り、下層木の除伐作業を行ってもらう（最低一坪ほどでも良い：写真5.7）。整備作業が終わったら、しばし寛ぎ、各グループで、どのようなコンセプト、工夫で保養、休憩空間をつくったのかを簡単に説明してもらい、お互いに分かち合いを行う（写真5.11、5.12）。

こうした活動を行っていくと、たとえ何の変哲もないありふれた林分であっても、日頃、森林に縁遠い人ほど、自分が働きかけたことによって、その空間が、「かけがいの場」となることが多々見受けられる。雑然とした林分が自分の手で、風通しがよく、居心地の良い空間に変わっていく作業そのものが清々しいのである。このことは、これまでの各地における市民活動においても数多く見られたことであろう。しかし、そのことを自らの保健休養の一環として意識しながら行うことは、まさにコロンブスの卵的なこころみとなるかもしれない。自分の手で清々しい場をつくっていくこと、自分自身の保健休養の場をつくることが、すなわち自らの保健活動になっていくのである。各地に放置された森林が数多く存在する今日の日本において、この放置林を活用した自らの休養場所づくりは、森林整備と健康づくりの双

ここで保養空間の場を作ってみる

写真5.1　一見雑然とした林分

面積は5m×5mから8m×8m程度

写真5.2　グループ単位での除伐作業の実施

写真5.3　作業後、外観がすっきりし、保養・休憩空間となった林床

写真5.4　それぞれがつくった保養空間の説明をし、シェアリングする

方を兼ね備えた活動として広がっていくかも知れない。

森林の整備作業上での工夫

　ところで、森林整備を行いながら休養空間をつくるこのワークショップにおいて、難しいポイントの一つが、除伐する樹種の区別である。所有者によって除伐の方針が異なることは当然だが、保健休養を目的した森林利用の場合は、大面積の林分の休養空間を必要とするわけではない。数人が座ってお弁当がゆっくり食べられるくらいスペースを作ることができれば、まずは十分である。はじめから大々的な森林整備を必要とするわけではないのだ。しかし、その面積が小さい分、より繊細な手入れができるということでもあり、薬用樹木なども選別しながらのきめ細かな作業ができると、よりその効果は大きくなるだろう。

　私の場合、この八女市だけでなく、各地における森林整備ワークショップを行う際には、「視覚的な構造化（structured）」をちりばめた作業をさらに行うことにしている。「視覚的な構造化」などというと仰々し響きがあるが、要するに、一般市民でもわかりやすいようなマーキングを環境にしておくということである。ちなみにこの「構造化」は、もともと認知機能に障害を抱える人を対象にしたアメリカ・ノースカロライナ州立大学の野外療育体系から生まれたものである。

写真5.5　あらかじめ除伐エリアをテープで囲んでおくと、空間的に把握しやすい

　マーキングは、個々の立木に行う場合もあれば、除伐する一定面積を指定する方法でも行っている。写真5.5は、2016年の八女市でのワークショップの写真である。参加者には、「この赤いテープで囲んだ中の木を全部伐りましょう。ここには小さな休憩空間を作ります」と説明した。あらかじめ作業対象が指定されているため、一般の方にとって、目標が把握しやすく、取り組みやすかったようだ。このような手法は、他種の樹種が混生するエリアではなく、笹薮など、単調な植生の伐開に適している。市民ワークショップ、市民による森林活動は、その方法の工夫によって、さらに明快に実施でき、普及啓蒙をはかっていくことが可能となるだろう。

5.3　長野県筑北村でのワークショップ　「地域の山に目を向ける」

　では次に九州・福岡からずっと北に上がり、長野県筑北村での事例を紹介したい。筑北村は長野県のほぼ中央に位置する、標高600m前後、人口500人ほどの山村である。この村より、地域の森林を活用した住民の健康増進や福祉利用をお願いしたいとの連絡があり、2016年から同村におうかがいしている。私は長野県出身なので、その林相には親しみやすい。

　筑北村では、まず村の森林の活用についての計画、構想を村民の方々と一緒に考える機会をもった。その際に私が取った方法は、「ＫＪ法」である（写真5.6）。ＫＪ法とはご存じの方も多いことと思うが、あるテーマについて三々五々にバラバラに出た意見をその内容から幾つかのグループに分類し、まとめていく手法のことで、考案者の川喜田二郎先生のイニシャルがその名称になっている。

写真5.6　筑北村役場におけるＫＪ法を使った保健休養計画の一コマ

　ＫＪ法の結果もふまえ、同村では、村の放置林を活用策として、地元の福祉施設の方々の作業療法プログラムの考案と実施、また休養空間づくり、そして地域住民の健康増進プログラムなどを主に

作業目標となる立木がわかりやすく、伐採後も目立つため、運びやすい。

写真5.7　除伐作業における環境の構造化（立木へのマーキング）

行っていくことが方向づけられることとなった。

筑北村における森林整備のプログラム

写真5.7は、長野県筑北村にて市民対象プログラムを行った時の写真である。除伐するスギ、ヒノキの立木にあらかじめ、赤いテープを巻いてマーキングをおこない、「はい、それでは、この林の中で、赤いテープのついている木を伐りましょう」と参加者に説明をする。1～5級木の「樹形級」を説明しても、おいそれと一般の方には理解できない。けれども、簡単なマーキング一つで、作業目標とする木が一目瞭然に指定されているため、初体験の方であっても、取り組みやすくなるわけである。先に述べた「構造化」である。

端材の利用

保健休養の場の設定には、とにかくその場にあるものを無理なく、お金をかけずに活用することがポイントである。施業上で発生した様々な端材もまたその利用対象となる。

次の写真5.8は、筑北村の社会福祉施設の方々とのワークショップのケースである。林道傍に散在しているコナラ、ミズナラなどの端材丸太を運搬リレーし、休養空間の簡易ベンチをみんなで作った。ベンチは移動可能であり、その形や置き方も自由で、何よりも個々の力でいかようにも形作れるところが療育活動上にも良い。この際にも、運搬する丸太に赤いテー

写真5.8　林地に放置された端材を運搬リレーし、多角形の休養ベンチをつくる

プをつけておくと、一目で認識でき運びやすい。そして「自らの力で働きかけ、自らの居場所を形作っていく」というこころみには、個々の創造性を覚醒、涵養するポテンシャルを持っているともいえる。

「放置林」を整備してとのことになると「これは大仕事だぞ」「このみすぼらしい林分を一体どのように保健休養の場に？」と疑問に持たれることは当然のことである。しかしながら、前述した八女市、筑北村での事例でも紹介したように、いきなり大々的な整備を行うのではなく、ごく小面積の居場所づくりから始め、その整備を欲張らずにこつこつと、参加者各自にできるペースで継続していくことが大切なポイントなのだ。

5.4　長野県伊那市での森林活動　「地域の森林の総合利用」

次に同じ長野県の南部、伊那市における事例を紹介したい。伊那市は、長野県の南部に位置し、中央、南の二つのアルプスを望むことのできる地である。2018 年現在、伊那市の人口は約 68000 人。この伊那市と私の勤務する東京農業大学とが 2016 年 12 月に包括連携協定を締結することになった。締結の内容は、伊那市の自然・農林業に関する調査研究、学術研究による支援をはじめ、新たな企画や商品の開発などである。私自身、この地に、大学院生時代に 5 年間住んでいたことがあるが、伊那はまさしく風光明媚な地域である。

伊那市のカラマツ林

伊那市の造林樹種には、他の地域と同様にアカマツ、ヒノキ、スギなどがあるけれども、やはり「伊那谷」の風景といえば、カラマツ林ということになるであろう。標高 800 〜1200 m 前後に造成された伊那のカラマツ林は、春の芽吹きから秋の黄葉、冬の裸木の木立の風景に至るまで、四季の鮮やかな変化があり、またそれに伴って田畑、野原の季節変化も花を添えて、伊那谷の風景を形成している（写真 5.10）。伊那市は、国内での木質ペレットの導入の早い地域でもあり、現在でも煙の少ないカラマツ・ペレットを独自に生産している

写真5.9　伊那市の風景。手前は天竜川。遠方は木曽駒ケ岳

写真5.10　春先の伊那市のカラマツ林（左）。秋の伊那の里の風景。田んぼとソバ畑が隣り合っている。冬の伊那市のカラマツ林（右）。カラマツ林の陰影のシルエットも美しい

（写真 5.11）。

　今回、私は伊那市において、このカラマツ林を活用した森林保養を計画することになったが、カラマツ林ではどのような保健休養の要素が考えられるだろうか？

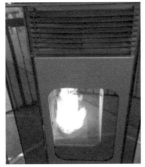

写真 5.11　伊那市の公立図書館内のペレットストーブ（左）。伊那の森林組合で生産しているカラマツを母材とした木質ペレット（右）。煙が少ない特徴がある。

カラマツについて

　カラマツは、現在、北海道、長野県をはじめ、全国で植栽、植林されている。数十年前にドイツのカラマツ林で、ネズミの大発生がみられた際には、耐鼠性の強い信州カラマツが輸出されたこともあった。ここであらためて簡単にこのカラマツという樹木について振り返ってみよう。

　カラマツ属の樹木は世界に 12 種ある。日本のカラマツは、日本の固有種であり、欧米のカラマツとはやや異なる。宮城県から静岡県までその分布がみられるものの、その本来の天然分布はごく限られた地域・場所であり、いわゆる天然カラマツ（天カラ）は、長野県の標高 1000 〜 2500 m に見られる。

　カラマツはその生長が早いことから、かつては短伐期で足組丸太や、炭鉱杭、電柱などに利用されたが極陽樹であることが特徴で、この強い陽樹であること、すなわち、樹間を開けた、密度の低い林分空間を形成する必要があることが、そのまま保健休養の空間としても重要な意義を持っている。実際、長野県や北海道ではカラマツ林にキャンプ場が設けられているところも多い。

清澄なカラマツ林の空気の指標：ウメノキゴケ科

伊那市は地域の森林環境を保養地として活用、利用することを企画している。その第一弾として、伊那の代表的な林相の一つであるカラマツ林が掲げられた。受託した保養地構想にあたって、私はまず全国各地に俄か保養地が林立する今日、何か確固たる環境指標を用いたＰＲができないかと考えた。それも伊那地域の方ご自身がわかりやすく、簡単に来訪者に説明できる形のものである。そこで私の頭に浮かんだのは、地衣類のウメノキゴケであった。ウメノキゴケ科は、日本には8属130種ほどあり、一般に発見しやすく、環境教育などでも活用されることが多い。ウメノキゴケは、公害、大気汚染に弱いという生育特性を持っている。大気中の二酸化硫黄（SO_2）の濃度が 0.02 ppm という微量であっても、その環境下では生育することが困難である、という大気汚染に敏感な特質を持つのがこのウメノキゴケの特徴なのだ。しかしながら伊那市内のカラマツ林の樹幹には、よくこのウメノキゴケ科の地衣類が付着しているのを目にすることが多い。つまり伊那のカラマツ林に来訪者が来た場合「ようこそ、いらっしゃいました。ここは空気がきれいな空間です」と当地の地衣類を見せながら案内をすることができるのである。

現在、日本の保養地の環境指標は、欧米ほど明確な基準や評価は整備されていない。特に保養地の空気清浄度などについての厳格な数値基準は未整備である。そこで、今回のウメノキゴケのような指標生物（indicator）は活用しやすい一石となるだろう。実際、伊那市での二酸化硫黄濃度を計測してみると、市街地であっても、平均 0.0003ppm 以下であり、ウメノキゴケの分布を裏付ける低濃度であった。

林床の香りの樹木：クロモジ

次は伊那の林床でよく見られる樹木、クロモジである。

クロモジはクスノキ科の雌雄異株の樹木で、その甘い芳香が特徴である（写真 5.14）。和

写真5.12　庭木などでもけることがあるウメノキゴケ（コケではなく、地衣類）

左:ヒモウメノキゴケ　　右:チヂレヒモウメノキゴケ
写真5.13　伊那のカラマツ林で確認されたウメノキゴケ科の地衣類

菓子に用いられる爪楊枝はこのクロモジ材を使ったものであるが、現在、クロモジは、薬用酒のほか、入浴剤の原料としても利活用されている。

　クスノキ科の樹木は、挿し木養成が難しいものが多く、クロモジもまた発根率、活着率が悪い樹種として知られている。けれども執者は2016年4月初旬に、伊那市高遠地区の標高1000m前後の山林から、開葉前のクロモジとオオバクロモジの枝を採集して挿し木づくりを試みてみた（写真5.15）。挿しつけ後の開葉率はクロモジは85%、オオバクロモジで70%と、大半の葉は開くのであるが、発根率となるとクロモジでは3%、オオバクロモジでは15%とやはり低迷であった。けれども、この挿し木苗づくりの時にも終始感じたが、クロモジは枝葉を切っただけでも甘い良い香りがする。そこでこのクロモジの枝葉を煮詰めて芳香をことさら強く抽出し、スプレー容器にそのまま詰め、来訪客、保養客にお持ち帰りいただいたらどうだろうか？というアイディアが浮かんだ。もっともこの樹木の芳香スプレーも全国各地で作られ「道の駅」などではご当地の樹木の芳香スプレーが売られており、私自身これまで様々な地で行ってきたことであるから、格段に珍しいものではない。けれども伊那の森林を歩き、その行く先々の森林の林床でクロモジに出会い、その枝葉を集めて、自分の手作りの芳香スプレーを作ることができれば、それはそれでよいお土産となる。特に女性客はこうした手作りの作業を好む方が多い。スプレーづくりの作業の合間もよい香りに包まれるからだ。

「伊那谷カラマツ」ブランドの創出

　伊那において、私はカラマツを使った総合的なブランドの創出も提言している。カラマツ林での保健休養をはじめ、カラマツ材の新たな効用、用途の開発、カラマツ材の都市部（学校、図書館などの公共材）への流通（写真5.17）、勉強合宿、企業の開発研究地としての伊那などなどである。クロモジだけでなく、カラマツの枝葉もまた強い芳香を持ち、アロマ材料としても可能性がある（写真5.18）。また、カラマツの松ぼっくりはクリスマスリースの材料

写真5.14　林床でよくみられるクロモジ

写真5.15　クロモジの挿し木。

写真5.16　クロモジから作った芳香スプレー（おみやげ）

写真5.17　伊那市の市立図書館。カラマツ材がふんだんに使われ、説明もされてい

写真5.18　カラマツの葉は芳香が強く、芳香材料としての可能性もある

として人気が高い（写真 5.19）。シーズンになると、都市部のデパートではカラマツの松ぼっくりが一つずつビニール袋に詰められて販売もされているのである。

　これらのことについて、カラマツ林を持つ市町村が連合しての「カラマツ・サミット」の開催も構想しているところである。

写真5.19　カラマツの松ぼっくりはクリスマスリースの材料として人気がある（左）。
カラマツ間伐材で作った、林内の休養ベンチ（右）。

カラマツの木酢液の抗菌作用

　では、次に、カラマツの木酢液についても調べてみた結果を報告したい。

　木炭の製造過程で生じる木酢液（Pyroligneous acid, Wood vinegar）は、土壌改良材や農薬の代替液として、また消臭剤としても用いられてきている。しかしながら、その抗菌作用については、いまだに諸説があり、樹種によってもその効用は様々である。

　カラマツは、前述したようにその芳香が強く、アレロパシー作用を有していることが推察されている。そこで、そのカラマツの木酢液の抗菌効果についても簡易的に調べてみた。

　方法は、培地づくりから始めた。今回も LB 培地（NaCl 5g、Tryptone 5g、Yeast extract 2.5g、Agar 5g　各 g /500ml）を使って培地用の溶液を作り、カラマツ木酢液を 1 %、0.1%、0.01%に希釈液を混合してみた。溶液は容器とともにシャーレと一緒にオートクレーブで滅菌し、シャーレ（直径8.5cm）1 枚につき約20mlずつ溶液を注いで固化させ、培地を作った。身

近な菌への抗菌作用を試験する目的から、今回も、東京農業大学・菌株保存室にストックされている大腸菌（*Eschewrichia coli*）およびブドウ球菌（*Staphylococcus aureus subsp.aureus*）を供試菌として準備し、それぞれの菌体を 1 ループ（10 μl）すくい、シャーレ中央に置いた。培養温度は 28℃ で、2017 年 1 月から 2 月にかけて、6 週間の培養を行った。反復シャーレ各 10 個、対照各 5 個についてそれぞれの菌体面積を定期的に測定し、その変化の比較から、カラマツ木酢液の抗菌作用を考察してみた。

　結果であるが、大腸菌、ブドウ球菌それぞれの菌体の面積の変化を図 5.1、図 5.2 に示す。

　まず大腸菌、ブドウ球菌のそれぞれに対して、1 ％溶液（100 倍希釈）、0.1％溶液（1000 倍希釈）、0.01％溶液（10000 倍希釈）の順で、菌体の面積はより小さくなり、抗菌作用があることがうかがえた。6 週間後の最終的な効果では、大腸菌では 1 ％溶液と 0.1％溶液にそれぞれ統計的に抗菌作用が認められ、（$p < 0.001$、$p < 0.01$）。ブドウ球菌では、いずれの希釈液でも抗菌作用が認められた（1 ％溶液：$p < 0.001$、0.1％、0.01％溶液：$p < 0.01$）。これらの結果から、カラマツの木酢液の抗菌効果は、いずれも 0.1％溶液、1000 倍希釈までであれば明確な抗菌作用が得られることが示された。

　今後は、独特の芳香を持つカラマツ木酢液の使用場所の開拓と、使用方法などが課題となる。やや甘い芳香のあるところがカラマツの木酢液の特徴であるから、食品に関係する部位や日常的によく使う場所での抗菌活用はいかがだろうか？引き続きそのカラマツの木酢液の使用用途についても検討をしていきたい。

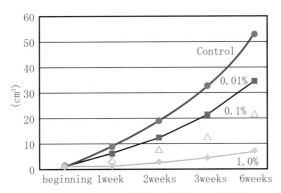

図5.1　大腸菌の菌体の面積変化

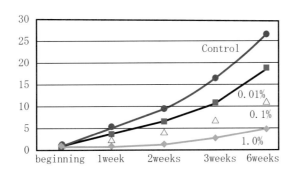

図5.2　ブドウ球菌の菌体の面積変化

写真5.20　12月の伊那市高遠藤沢地区

写真5.21　伊那市役所　2018年　年初めの様子

写真5.22　標高1200mの千代田湖と周辺のカラマツ林（湖は全面結氷している）

写真5.23　血圧、脈拍、ストレス値の測定

カラマツ林での冬季の森林散策

　樹木の葉が落葉したあとの冬期間は、一般に森林浴はオフシーズンのように考えられている。この理由には、気温の低下や殺風景な裸木の風景だけでなく、樹木の芳香物質、いわゆるフィトンチッドが減少することもあげられるだろう。しかし、本当に冬季は、森林浴に向かない季節なのだろうか？長野県伊那谷も冬季の気候は厳しく、一般に野外活動はオフシーズンのように考えられている。

　伊那谷には、落葉針葉樹のカラマツや落葉針葉樹のナラ類が多い。そのため、冬期間の森林では、むしろ林間の見通しが良くなり、照度も高くなる林分が数多く見受けられる（写真5.20）。

　この伊那市高遠地区（旧高遠町）藤沢の標高約1200mに位置する千代田湖周辺のカラマツ林にて（写真5.20）、2018年1月初旬、伊那市役所・耕地・農林課の4名の職員の方々に

写真5.24　森林散策と、林内での測定風景、お茶

距離 500m ほどの森林散策を行ってもらい、森林散策前後の血圧（最高・最低）、脈拍数、
そしてストレス数値（唾液アミラーゼ）の計測を行っていただいた。冬季の森林散策の休養
効果をこころみに調べてみたのである。当日の天候は曇り。伊那市役所内は 20℃ だったが（写
真 5.21）、千代田湖周辺の気温は 0℃。マイナス 20℃ の差があった（写真 5.22 〜 5.24）。

最高血圧（4 名平均)

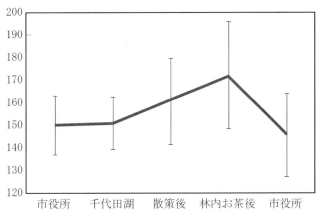

図5.3　最高血圧の変化

最低血圧（4 名平均)

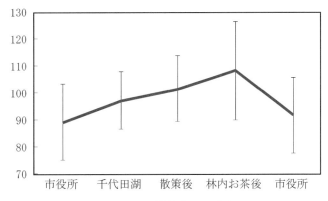

図5.4　最低血圧の変化

血圧、脈拍数、ストレス値の変化

　最高血圧、最低血圧、脈拍数の変化を図5.3～5.5に示す。いざ血圧を測定してみると、被験者には血圧が高めの方が多かった。年末年始だったことも多少影響はしているかもしれないが、それにしても、いささか高めの血圧値であった。常日頃からも体調管理には十分にご留意いただきたいところである

　測定の結果、最高、最低ともに血圧の数値は、市役所を出発してから、森林に到着し、森林散策後のお茶を飲むまで、上昇する傾向がみられた。やはり低温の森林環境は身体に厳しいことが如実に表れた結果となった。また、脈拍数は、お茶の後に若干の落ち着きがみられた。けれども、血圧、脈拍数ともに、標準偏差のバーが示すように、たった4人の被験者であっても個人差がとても大きく、生理測定の困難さと多様性があらためて再認識された。

　次にストレス値（唾液アミラーゼ）の変化を図5.6に示す。こちらも、血圧同様に個人差が大きかった。しかしながら血圧値の上昇とは裏腹に、散策後、お茶の後には、ストレスの値は低減する傾向がうかがえた。市役所内と比べて20℃ものマイナスの気温差がありながら、森林散策、林間でのお茶にはストレス軽減の効果があることが示されたともいえる。た

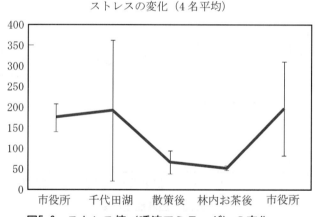

図5.6　ストレス値（唾液アミラーゼ）の変化

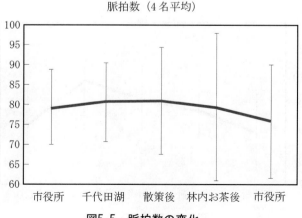

図5.5　脈拍数の変化

写真5.25　森林散策路設定予定地

写真5.26　山中式土壌硬度計

写真5.27　散策路設置予定コースを伊那市耕地農林課のみなさまに歩いていただいた

だし、これは約30分、500mという短時間、短距離の散策であったこともポイントである。もし、この時間と距離がさらに長ければ、数値は逆に上昇したことも考えられる。標準偏差も、散策後やお茶のあとには小さくまとまり、特にお茶の後の数値はかなり同一となった。市役所に帰ると、再びストレス値が上昇し、出発時と同様の数値に戻ったことも興味深いところである。やはり仕事場にはストレスをもたらす理由や雰囲気があるのだろうか？

　以上をまとめると、今回の簡易実験からも冬季の森林散策は、やはり血圧面では上昇を招き、身体的な負荷を加えることがうかがえた。このことからは、冬季の森林散策、森林浴はたしかに不適であり、オフシーズンであると言えるだろう。しかしながら、ストレス面では軽減されるという可能性も示された。このことには、森林散策そのものの効果と、日頃の職場を離れるという「転地効果」が作用したことが考えられる。それは市役所出発時、帰着時と数値が同様になったことからもうかがえた。

　落葉期の冬季は、カラマツ林間の見通しがよく、日光も林床まで直接到達するようになる箇所も見られる。降雪の静かな林床に、アニマルトラックを見つけながら、林冠の間を縫い

土壌硬度（kg/cm²）

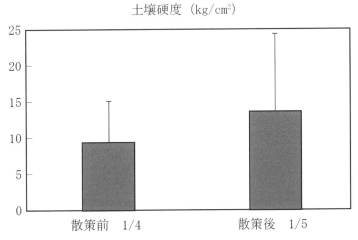

図5.7　散策前後の林地路面の土壌硬度の変化

ながら流れていく白い雲を仰ぎ見るのも良いものである。身体的な条件が許されれば、冬季の森林浴、森林散策もおすすめしたい。

身近な山林での森林散策路モデルの設置

伊那市にはカラマツだけでなく、アカマツの林分も各地に数多く見られる。この2樹種は共に陽樹であるため、林地では林間が広く、散策路が設定しやすい利点があるともいえる。

そこで、アカマツ林での散策路の設定も試みに行うことにした。しかし、今回は大体的に重機を使った散策路の施工などを行うのではなく、人為的な足踏みによって、

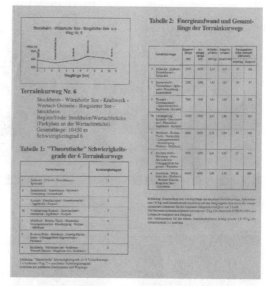

図5.8　地形療法による消費カロリー表示の1例

つまり数人で歩くことによって、林地を固めるという簡易的な手法で、森林散策路を設定することを試行してみた（写真5.25～5.27）。

散策前後の林地路面の土壌硬度を図5.7に示す。今回は、私も含めたわずかし5名で1回歩いただけであったが、それでも、林地には数kgの硬度の上昇が認められた。この歩行をさらに数回繰り返すことで、より路面は固まり、散策路が形作られていくことだろう。この歩いて路面を固めるという散策路の簡易設定の方法を、今後はさらに人数を増やし、試みていきたいと考えている。

左：間伐前　　　　　　　　　　　　右：間伐後

写真5.28　間伐、枝打ちによって、林冠の見通しや木漏れ日を演出することができる。

　また、散策路の距離と勾配から、体重当たりの消費カロリーも計算し、その案内板も設置できればと考えている（図5.8）。

　さらに、間伐、枝打ち等などの森林施業の有無による林間変化の風致評価を行うことも考えている。つまり、通常の間伐や枝打ちは、木材生産のみならず、風致的にも、森林散策においても影響を及ぼすことを呈示したいと考えている（写真5.28）。枝打ちは無節材をつくり、林間に陽光を採り入れるために主に行われ、間伐は、密度調整と残存木の生長促進をはかるために行われる。けれどもそうした管理作業によって、森林の見栄え、景観が変わり、訪れる者に何らかの風致作用をもたらすことも同時に考えられる。これからの林業、森林管理は、木材生産と同時に、保健休養効果の促進も目的として行われるようになっていくことだろう。

5.5　都内での市民講座

　ここまで森林療法には、特別な森林環境を必要とせず、地域の身近な森林や、放置林でも実施可能であることを各地での事例で示してきた。

　それでは、さらにその対象範囲を広げ、都市部の住民を対象とした森林療法はあるのだろうか？もちろんある。私は、それをまずは「市民講座」という形で一般の方々に森林療法を紹介している。次は東京都の青梅市と世田谷区における二つの実践事例を紹介したい。

青梅市での市民講座

　私は2012年より、東京都青梅市の市有林「青梅の森」にて、市民講座を上下半期に1回ずつ担当している。ご参加される市民の皆様は、主に市民広報やホームページを見て申し込みをされている。青梅の森だけでなく、各地の市町村でよく訊かれることは「森林療法をやってください」「森林療法を体験したいんです」というリクエストである。森林療法には、ラジオ体操、気功、太極拳の指導のように、一定の型、やり方があり、それを指南してほしい、やってみせてほしいというご要望だと思う。そのお気持ちも要望もよくわかるが、実は、森林療法には、「これが森林療法です」という一定の型はない。このあたりのことをドイツでお話しした際には、驚愕された。ドイツでは、スタンダード化されていないものが療法となることが信じられなかったのだろう。森林療法は、それを必要とする対象者に応じて、森林散策や、森林環境での休養やカウンセリング、あるいは作業療法などのメニューを作っていくものである。したがって、不特定多数の市民の方々が集まる市民講座の場合、各々の参加目的も背景も体調も異なるため、参加者全員が「なるほど」と満足して帰っていただけるプログラムを作ったり、体験していただいたりすることはまず不可能である。そこで私は、一般的な市民講座では、「休養」と「活動」の双方の要素を取り入れたプログラムを行うことにしている。

　例えば、森林散策→人工林小径木の除・間伐作業→コースター作り→除伐・間伐材を利用しての散策路づくり→林床に横臥してのリラクセーション→再び森林散策という「静」と「動」の流れのプログラムである。また、体感する森林も、針葉樹人工林であれば、スギ、ヒノキ、

カラマツ林、さらに広葉樹二次林へと、当地の条件が許すかぎり、なるべく複数の林相を歩き、複数の体感ができるように組み合わせている。これらによって、活動でも森林環境でも多様な受け皿をつくり、参加者の興味・関心が持てる要素が例え一つでも発見できるよう、心がけている。「青梅の森」には、スギ、ヒノキ林だけでなく、かつての里山・薪炭林も残っており、多様な林分、林相があるため、毎年違ったプログラムを作ることができている。そもそも、森林に出かけて、木を伐るということ自体が、市民には新鮮な活動であり発見であることだろう。

　参加者からは「地元、身近に暮らしていながら、森林に入ることはまずない」「こんなに

写真5.29　青梅の森の入口に集合（2017年11月）

写真5.30　かつての里山の小道

写真5.31　複数の林分を歩く

写真5.32　林内での整備作業

写真5.33　各自で輪切りにしたコースターをお土産にする

写真5.34　除伐、間伐材を利用しての散策路づくり

写真5.35　森林整備で発生したおがくず、チップもお土産になる

写真5.37　除・間伐したヒノキの枝葉から、芳香水を作り、スプレーに詰め、お土産にする

綺麗な場所があることを初めて知った」という感想が圧倒的に多い。こうした生の声からは、日頃、森林とは疎遠に生活をしている市民の様子が垣間見ることができよう。また「森林に手入れが必要なことを初めて実感できた」「自分にも森林を整備できることに感動をおぼえた」などの意見もいただいているところである。

　青梅市は東京都の郊外にあり、23区とは基本的にその環境の様相が異なる。青梅市はいわば、都市部と山間部の中間に位置する街であると言えるかも知れない。林業は、青梅のもともとの基幹産業であったし、市は現在もなお山林によって囲まれている。いきなり深遠な森林に出かけるのではなく、ひとまずは東京23区から青梅線に乗り青梅の森で過ごす。そして次にはより深い森へとすすんでいく。都民によっては、そうした一つの中間地点としての存在意義も青梅市にはあることだろう。毎年の市民講座を担当して、そんなことも考えた次第である。

5.6　世田谷区での区民講座

　最後に紹介するのは、世田谷区における事例である。世田谷は東京23区の中で最も人口の多い区で、現在その人口は約80万人。和歌山県や鳥取県の人口よりも多い。その23区の中に森林環境などあるのだろうか？実は私はこの世田谷で、先に紹介した青梅の森での事例同様に毎年2回以上、世田谷区内の樹林、緑地を使って森林療法の区民講座を行っている。区内には、都内唯一の渓谷である等々力渓谷をはじめ、城址や寺社林、いくつもの公立公園が点在しており、区内の各地で講座を開くことが可能である。

　世田谷での区民講座のうち、ここでは、戦前からの住宅街で有名な成城学園の成城三丁目緑地での講座の事例を紹介してみる。広報やHPを使って、参加者を募るところまでは、青梅の森での活動と同じである。

　講座の参加者は、成城学園駅前に集合し徒歩で移動する。移動中も、街路樹や自然散布の樹木の紹介を行っていく。成城三丁目緑地は、いわゆる国分寺崖線の緑地であり、かつての里山の趣が味わえるだけでなく、複数の湧水もあって様々な生きものが見られることが魅力であり、もともとは皇室の所有地で、その後は林野庁が管理していた樹林地でもあった。

写真5.38　世田谷における里山体験教室のポスター（左）と成城学園駅前での集合の様子

写真5.39　成城三丁目緑地での様子。竹林もみられる

写真5.40　アップダウンのある国分寺崖線の地形を歩く

写真5.41　湧水での水生生物の発見。私も含めた中高年が童心に戻るひとときだ

写真5.42　散策途中で集めた枝葉から芳香水（アロマ・ウォーター）を作成し、その香りを楽しむ

　ここでは、崖線独特のアップダウンのある地形を散策ながらコナラ、イヌシデ、アカマツ、ヤマザクラなどの里山の樹木を紹介し、また、適宜それらの葉を採集して、湯煎した芳香水を作ったり、ヤマグワの葉を摘んで即席の桑茶も作ったりして皆さんで楽しんでいく。林内は、真夏では約5〜7℃ほど気温が低く涼しい。湧水の場所では、サワガニをはじめ、水生生物が数種類発見できる。

　参加者からの声としては、「住宅街の身近なところにあるこの貴重な自然を守っていきたい」「懐かしい風景がここにはある」などの感想が多く寄せられる。また、日頃の住宅街の生活では味わえない、アップダウンの里山地形の上り下りや、普段何気なく通り過ぎていたヤマグワの木の葉から作って飲む桑茶などが参加者の瞠目をひくようである。

　また世田谷には、成城三丁目緑地以外にも、世田谷八幡、豪徳寺の並木、世田谷城址、蘆花公園や羽根木公園など、区内各地に数多くの樹林や緑地が残っている。都市部の生活と身近な樹

写真5.43　ヤマグワの葉から、即席の桑茶を作り、みんなでお茶を楽しむひととき

林との往来が、日常生活からのちょっとした転地効果ももたらしている。立木の伐採などはできないものの、日頃ただ眺めているだけの樹林地に実際に足を踏み入れ、その中で行われている自然のいとなみに直に触れることは、森林に対する区民の意識を変えていくことだろう。

　本章では、都市部の事例として、青梅市、世田谷区の 2 か所の例を紹介したが、いずれも住宅街に隣接する「身近な森林」を活用したこころみである。

　森林浴、森林療法というと、そのための何か特別な森林環境が必要であるかのような印象が一般にあるが、その実態はイメージの世界である部分も大きい。青梅の森、成城三丁目緑地はその点において、特別な森林に出かけずとも、身近な樹林地であっても、森林浴、森林療法の場となりうるのだという典型例のような場であるといえるだろう。もちろん、より生態系的に優れ、多様性が高く、自然度の高い森林で過ごすこととは次元もその効用も異なる。しかしながら、都市の生活から可及的に訪れることができる森林として、また非日常の空間として、青梅の森や成城三丁目緑地の森林は価値がある。都市部においても、このような樹林地、緑地は点在しているのだ。欧米には「Urban Forestry」という一分野があり、そうした都市部の緑の造成、活用、効能についての研究が進んでいる。今後、日本の都市部においてもその流れは広がっていくことだろう。従来の木材、林産物生産を目的とした林業だけでなく、こうした保健休養を目的とした森林管理の在り方も今後は確立化されていくことだろう。

参考文献

⑴　上原　巖 (2017) 保健休養の視点からの森づくり. 森林技術 900：28-31.

⑵　上原　巖 (2017) 保健休養のための森づくりの実践：各地におけるワークショップ. 森林技術　903：22-25.

⑶　上原　巖 (2017) 地域における森林療法導入の事例①放置林の活用（福岡県八女市、長野県筑北村）－. 森林レクリエーション 365：4-7.

⑷　上原　巖 (2017) 地域における森林療法導入の事例　長野県伊那市のカラマツ林. 森林レクリエーション 366：4-7.

⑸　上原　巖 (2019) 都内での市民講座. 森林レクリエーション 382：4-7.

⑹　上原　巖 (2019) 各地の森林での研修会・ワークショップ.　森林レクリエーション　383：8-11.

⑺　上原　巖 (2019) 長野県伊那市のカラマツ林での冬季の森林散策. 森林レクリエーション 385：8-11.

⑻　Iwao UEHARA, Megumi：TANAKA(2018)Antibacterial effects of Pyrolignes acid of *Larix kaempferi*. 森林保健研究 2：14-19.

⑼　上原　巖 (2018) 冬季の森林散策によるストレス変化. 日本カウンセリング学会第 51 回大会発表論文集. pp. 110

＝＝＝＝＜ 森林研究あるある：ノコギリ ＞＝＝＝＝

　全国各地で森林整備の活動を行っているが、その際、一番使うのは、やはりノコギリ、それも手鋸である。そして、伐倒、玉切り作業の際、必ず聞くフレーズがある。「それは、日本のノコギリはひくときに切れる」というフレーズである。「日本のノコギリはひくときに切れるんだからさ、手前にひくときに力を入れて！そんなにずっと力を入れっぱなしでなくてもいいんだよ」という言葉かけは不思議なことに、全国津々浦々、どの場所に行っても聞くことができ、またこのフレーズを話す人がいる。たしかにその通りなのだが、「日本のノコギリはひく時に切れる」という言葉は、どうしてこんなに広く浸透し、聞かれるのだろうか？考えてみれば、少し不思議な感じもする。

　しかし、世界は広い。海外のノコギリには日本のものとは形態が異なるものが勿論ある。

　2011年3月、イギリスでのBTCVの活動をした際、現地のノコギリを使って作業を行ったが、この時のノコギリの刃は、日本のノコギリのような片側にとがった形ではなく、いわば中立の形をした刃の形状であった。いざ使ってみると、手前にひく時にも切れるが、のこぎりを前に戻す際にも切れるノコギリなのである。往復で切ること

各地での森林整備の際に使うノコギリ。日本のノコギリは、「ひく時に切れる」

ができ、能率がよく、便利じゃないかと思われるかも知れないが、決してそんなことはない。この形状のノコギリでは押しても引いても切れてしまうので、切ることを休む時間がなく、間もなくヘトヘトに疲れてしまうのだ。肩の筋力や腕力の強い人向きの、つまりは欧米人の体格に合ったノコギリの形状であるといえる。このことはちょっとした驚きであった。ノコギリを通して、文化の違い、人種間の体格の違いも再認識することとなったのである。

これはイギリスの森林整備ボランティアが使っているノコギリ。ひく時だけでなく押す時にも切れる

第6章　むすびに－今後の日本の森林、林業の可能性と未来象－

紀元前の林業と現在の林業

　林業は、古来より行われてきた人間の営みである。かのイエス・キリストは、ナザレの町で、父ヨゼフに伴って大工をしていたといわれる。それも家を建てる大工ではなく、各家庭をまわり、テーブルや椅子の修理をするようなタイプの大工だったのではともいわれている。その家々への訪問の際に、病人のいる家庭や、家族内の問題などを垣間見ることがあり、のちの伝道生活の糧となったことも想像されている。ちなみに当時の主な木材は、レバノン杉である。その材を伐り出し、原木、丸太、木材を街の生活に流通する仕事がイエスの時代にもすでにあったことがうかがえる。

　しかし、その林業が、2000年後の日本においては、なぜ不況といわれるのだろうか？

多様性豊かな森林と多様なアプローチ

　本書では、挿し木、香り、間伐、数学、病虫害、天災、人災、コンパニオン・プランツ、森林教育、市民活動と、様々な現在の森林の調査研究、活動についてここまで書き連ねてきた。

　森林、そして林業を豊かにするには、生物多様性が重要であることはすでに指摘されてきている。多様な生き物が森林の構成、空間、社会を豊かにし、それが我々人間のいとなみである林業をも豊かにするからである。また、その多様性を豊かにするのは、多様な手法、アプローチである。本書で述べてきたことはすべてそのアプローチ手法の一つひとつでもある。

　しかしながら、多様性を持つ森林を創出するには、付け焼刃のインスタントな方法では不可能である。アントニオ・ガウディ設計の隅々まで意匠が行き届いた荘重な建築物がおいそれとは簡単に建てられないのと同様、本当に生態系的に優れた森林が形成、構築されるにはきわめて長い時間と同時に、緻密で精巧な摂理の積み重ねが必要である。生態系的に優れた森林には、多様性と同時に意外性も内包され、造形的には直線も曲線も豊かである。

　さて、「森林・林業」と聞くと、一般にはいささか敷居の高い印象があるのではないだろうか。林業は伝統的な技芸、技術である。しかし、携わる者の生命をも奪うような大きな危険も伴うことから、一般社会からはやや縁遠く意識されていることだろう。けれども森林、林業から我々の日常生活の中に生み出されるものはいうまでもなく数多い。家、家具をはじめ、紙、器具、また山菜、水、酸素なども森林からの生産物であり、風景や休養空間なども森林が創り出すものである。森林はそれら無形有形の生産物を持つ広大なアメニティ資源地、資源空間であり、我々人間はこれからも森林なくしては生きられない。

写真 6.1　学校でおなじみの椅子。　　写真 6.2　ビートルズ愛用のギター。材料は、メープル
　　　　　材は、ブナ材である。　　　　　　　　　（カエデ）材。木目も美麗である。

日本の森林・林業の未来像は？

　それでは、これからの日本の森林、林業はどのような形になっていくのだろうか？

　私は「市民、手作り、等身大」が、そのキーワードになっていくのではと考えている。
日本の林業は伝統産業の一つである。吉野杉に代表されるように、数百年におよぶ長い年月
の時間をかけて形成した森林の樹木を伐り、工芸、生産物を創造していくことは、崇高な伝
統技芸である。けれども、その一方で等身大で、市民の手作りによる、カジュアルな林業も、
日本の森林・林業の姿を変えていくのではと想像している。

　例えば、森林・林業の分野と世界はずいぶん異なるが「ザ・ビートルズ」というロックバ
ンドが 1960 年代に一世を風靡した。今やビートルズといえば世界的に普遍的な存在であり、
その点においてビートルズはいまやクラシック音楽の一つになったともいえる。けれども、

植栽をしたのは、江戸時代の先達である。　　　写真 6.4　私有林での間伐作業を行う筆者。
頭にちょんまげを結った人たちがこれらの　　　　　　　カジュアル林業の一端といえようか。
木を植えたのだ。

写真 6.3　奈良県川上村の林齢 300 年の
　　　　　スギ人工林

そのビートルズは、もともとは若者の手作りの音楽として
デビューしたのだ。音楽的にも粗削りで、もし音楽に文法、
マナーがあるとしたら、ビートルズの音楽には文法ミスが
ところどころにあり、荒唐無稽なところもあった。しかし、
同時に素人ならではの新しいひらめきと、これまでにない
感情の表現力があり、ビートルズが生み出したものは音楽
界に新たな展開をしていく創造行為ともなった。ビートル
ズは後期に入り、ヨーロッパの伝統的なクラシック音楽の
要素も融合し昇華させている。そのビートルズと同様のこ
とが林業の世界でも生まれるかもしれない。これまでにな
い表現手法や、生産物を生む林業が、若いカジュアルな感
性から生まれる可能性もなきにしにあらずなのである。

素足で本を広げて、至福のひととき
きである
写真 6.5　森の中でのひととき

　さらに身近な例として、同様のことは食事でもいえるだ
ろう。礼式、テーブルマナーに則った高級レストランでの食事もよい。でも一方で、まちの
気取らないカフェでのひとときもカジュアルな別の魅力を持っている。森林の場も同様に、
もっとカジュアルな場としても利用されていく可能性がある。気持ちが落ち込んでいる時に
ふらっと立ち寄るカフェがあるように、気分転換をはかるために立ち寄ったり、活動したり
する森林の場が各地に生まれていくかも知れない。いや、そうした森林は既に生まれている。
　現在はいまだに価格が低迷し、不況の続く林業界である。けれども、国際的な林業の動向
は雲の動きのように一定ではなく、絶えず流動している。輸入材はやがて目減りし、国産材
の比率が高まって、日本各地で盗伐が連続発生するような事態が起きていくかも知れない。
実際、そのような山間地域もすでに垣間見られている。森林は、庶民には手の届かないほど
の高価なお金をもたらす場として状況が急転する可能性もあるのである。

コロンブスの卵

　本書では、要所要所で「多様性」についてふれてきた。多様性のある森林に、多様なアプ
ローチがこれからも求められる。それにはやはり、それを担う多様な人材が必要である。直
接、林業に携わるのではないにしても、ごく一部の林業家の方だけでなく、多様な人材が森
林、林業と関係を持つようになれば、日本の森林、林業は今よりもさらに豊かな広がりを見
せ、ユニークな形に変わっていくことだろう。

　本書のテーマは、森林、林業界におけるコロンブスの卵である。「あー、なんだ、そんな
ことなら、とっくに知っている」「前々から自分もいつかそれをやろうと思っていた」そう
したセリフは、森林、林業界でも数多く聞かれる。でも、まずは挑戦してみることに価値が
ある。批判や負け惜しみは誰にでもできる。数多くのひらめきの挑戦が森林、林業界で生ま

れ、数多くのコロンブスの卵が立てられていくことを願い、自分自身もひとつずつ卵の殻を割っていこうと思っている。

それには、林学、森林科学もまた、面白くなる必要がある。学問とはそういうものだ、一定の我慢、辛抱をしなければならないということは承知の上で、現在の、林学、森林科学の魅力を自問してみる。学生たちの様子をみると、その問いの答えは一目瞭然である。形式的な森林の学びよりも、手元にあるスマホに意識をとられている者も数多い。いざ森林での実地の実習になっても、ヴァーチャルのスマホ画面から目が離せない学生もいるのだ。しかし、そうした学生に迎合しないまでも、冷静に現在の森林科学の各専門書などを眺めてみると、確かに本来の学問の魅力から乖離してしまっているものもあるようにもうかがえる。中には、その研究への興味、関心、魅惑力、わくわく感よりも、義務感、ノルマ感の方が強いものもあるだろう。それは、学会発表や大学院の発表会での質疑応答の際に、純粋な質問や意見でなく、時として、知識の力くらべと誇示の発言があることともどこか共通しているかもしれない。では、スマホ世代にとっても、瞠目するような森林、林業の魅力とはなんだろうか？

林学、森林科学は、技術の科学であるとともに、森林を中心とした森羅万象を対象とする学問である。「これこそが林学だ」「これが森林科学の王道だ」という研究もたしかにあるかも知れない。しかし、その基盤は何よりも素朴な疑問や不思議さをとらえる感性である。型にはまらない林学、森林科学の姿、裾野の拡大も必要なのである。多様性こそが森林の生命力を高め、豊かにする。林学、森林科学においても、えっ、こんなことも林学なのか、森林科学にはこんな対象があるのか！といった驚きを与えるような多様性が若者の新たな興味と参画を導くことになるだろう。

森林の究極の課題はその森林の美に集約される。

数学の世界では、「フェルマーの定理」という世紀の難題があった。360年にわたって難攻不落の問題であったが、命題自体はやさしく、広く市民にもわかるものであった。大学の研究者だけでなく、世界中の膨大な数の数学ファン、数学オタクが数百年間その問題に取り組み、やがて、20世紀の末にひょんなことから生まれたアイディアによって、その問題は解決された。この難問を解決したアンドリューワイルズは「数学においてある問題がよいものかどうかは、問題それ自身によってではなく、それが生み出す数字によって決まるのです」と語っている。

では林学、森林科学、林業界での「フェルマーの定理」はなんだろうか？私はそれは森林の美がそのひとつだと思っている。森林を見て我々はなぜ美しいと感じるのだろう？森林をみて美しいと思う人は世界中にいる。けれども、その美の理由は一体何なのだろうか？また、林家の方と山林を歩くと「ここはいい山だな」「ここはひどいな。えらいことだ」「ここは気持ちのいい山だ」などとその山林の管理、生育状況などについて、独り言のように評することがある。これはこれまでのそれぞれの経験もふまえ、森林の林相（見かけ）や環境条件の

写真 6.6 森林で感じる美。そこにも命題と新たな可能性がある。

幾つかを無意識の内にも総合評価しているのである。では、どのように良い山、悪い山との評価を、それも瞬時にしているのだろうか？おそらく林分密度をはじめ、林床の土壌、林木の生長状況などをトータルして評価するのだろう。より詳しく突き詰めてみると、その林相の総合的な空間構成のバランスを数学的に把握しているのかも知れないし、その林分における管理の歴史（育児的には「ストローク」という）や、一本一本の木からの成長ポテンシャルを感じ取り、「いい山」と評価しているのかもしれない。「美」には、意外な要素もそのヴェールの下に隠れているものである。

　本書で取り上げた挿し木、香り、間伐、数学、病虫害、人災、コンパニオン・プランツ、森林教育、市民活動は、一見ばらばらなテーマではあるけれども、実はその共通項にも「美」が存在する。森林の美には、その密度、施業状況、多様性、色彩、地形、香りやその他の気象、気候、歴史性などのすべての要素、研究カテゴリーが含まれている。まさに森羅万象が森林の美には結晶されているのだ。

　自分にとっての美しい森を探すこと、あるいは創ること。それもまた、コロンブスの卵的な発想からなされることだろう。

参考文献

⑴　サイモン・シン（2006）フェルマーの最終定理、新潮社、東京、495 頁

⑵　新島善直、村上醸造（1991）森林美学（履刻版）、北海道大学図書刊行会、724 頁

⑶　H. フォン・ザーリッシュ（2018）森林美学、海青社、384 頁

⑷　上原　巌、清水裕子、住友和弘、高山範理（2017）森林アメニティ学、朝倉書店、167 頁

⑸　上原　巌（2018）造林学フィールドノート。コロナ社、165 頁

あとがき　謝辞

　本書は、私が毎日過ごしている東京農業大学　森林総合科学科　造林学研究室での日頃の何気ない調査研究やエピソードをまとめたものです。

　研究室でのティータイムの雰囲気はいかがだったでしょうか？読者のみなさまのご意見をお茶を飲みながらぜひ賜りたいところです。

奥多摩演習林での研究室実習での伐採作業を行う筆者

　本書を書き終えるにあたり、まずは理工図書編集部の方々に深く謝意を表します。本書の企画から、多岐にわたる内容を一つ一つ懇切丁寧な編集をしていただき、本当ににありがとうございました。

　そして、恩師である東京農業大学　造林学研究室の故右田一雄教授をはじめ、同研究室のみなさま方に重ねて厚く感謝申し上げます。造林研の学生のみなさんは、私の人生の宝そのものです。

　最後に、月並みな表現ですが、もし生まれ変わっても、私はまた農大の林学科、造林学研究室を選び、学びたいと思っています。読者の皆様もぜひわが造林研をお訪ねください！

2020 年 2 月　新たな造林学研究室にて

演習林実習を終えて。右から院生、4 年生 2 名、左端が私。

研究室でのティータイム
農大構内のクワの葉を摘んで作った

索　引

著者略歴

上原　巖（うえはら　いわお）

1964 年　長野県長野市生まれ

1986 年〜1987 年　米国ミシガン州立大学農学部林学科　東京農業大学派米留学生

1988 年　東京農業大学農学部林学科卒業

1988 年〜1995 年　長野県立下高井農林高等学校　教諭

1997 年　信州大学大学院農学研究科 森林科学専攻 修士課程修了

1997 年〜2001 年　長野県の社会福祉施設にてケアワーカーとして勤務

2000 年　岐阜大学大学院連合農学研究科 生物環境科学専攻 博士課程　修了
　　　　　博士（農学）

2001 年　日本カウンセリング学会認定カウンセラー

2001 年〜2004 年　長野県高校スクールカウンセラー

2002 年　東海女子大学 専任講師

2004 年　兵庫県立大学 、兵庫県立淡路景観園芸学校　助教授

2006 年　東京農業大学 准教授

2010 年　特定非営利活動法人 日本森林保健学会 理事長（兼任）

2011 年　東京農業大学 地域環境科学部 森林総合科学科 教授

現在に至る

< 2019 年度の東京農業大学での主な担当科目＞

（学部）

森林総合科学概論、地域環境科学概論、造林学、造林樹木学、森林アメニティ学、森林学実験実習、演習林実習、専攻実験実習、Forest & Forestry（英語専門科目）など

（大学院）

森林資源利用学特論、森林資源利用学特論実験、森林療法学特論など

2018 年度より、教職・学術情報課程（教員、学芸員、司書の養成課程）主任も兼任

森林・林業のコロンブスの卵－造林学研究室のティータイム－

2020 年 3 月 16 日　初版第 1 刷発行

著 者　上　原　　巌

発行者　柴　山　斐呂子

〒102-0082　東京都千代田区一番町 27-2
電話 03（3230）0221（代表）
F A X 03（3262）8247
振替口座　00180-3-36087 番
http://www.rikohtosho.co.jp

発 行 所　**理工図書株式会社**

© 上　原　　巌　2020　Printed in Japan
ISBN978-4-8446-0893-6
印刷・製本　藤原印刷

＊本書のコピー、スキャン、デジタル化等の無断複製は著作権法上の
例外を除き禁じられています。本書を代行業者等の第三者に依頼して
スキャンやデジタル化することは、たとえ個人や家庭内の利用でも著
作権法違反です。

★自然科学書協会会員★工学書協会会員★土木・建築書協会会員